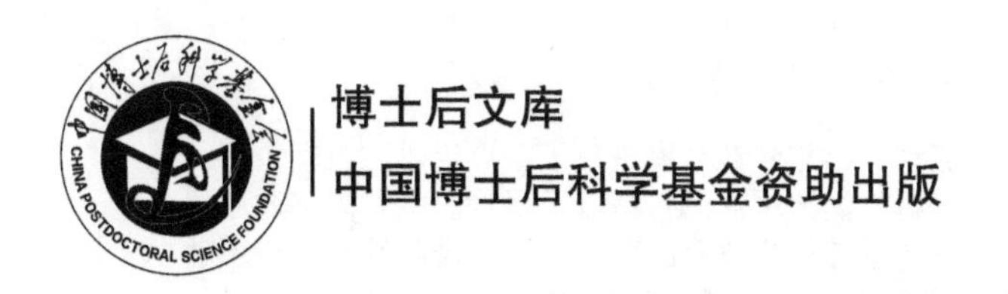

两相作用中的流动分离与颗粒分离

董双岭　著

科学出版社
北京

内 容 简 介

本书对两相作用中的流动分离与颗粒分离进行了重点论述，内容包括：卡门涡街的形状稳定性的分析，涡街中涡的特征以及尾迹流态和演化过程的定量描述；微通道分离红细胞惯性聚集位置的确定；两相流黏性模型和运动方程的改进；热泳分离的相关力及传热的特别过程探讨；光泳升力的提出和验证；球形纳米颗粒的光学吸收性能。

本书适用于流体力学、应用光学和工程热物理等相关专业研究生和高年级本科生阅读，也可供部分从事医疗检测的科技人员与工程技术人员进行参考。

图书在版编目（CIP）数据

两相作用中的流动分离与颗粒分离 / 董双岭著. —北京：科学出版社，2021.6

（博士后文库）

ISBN 978-7-03-068012-9

Ⅰ.①两… Ⅱ.①董… Ⅲ.①分离流动 Ⅳ.①O357

中国版本图书馆 CIP 数据核字（2021）第 023962 号

责任编辑：赵敬伟 杨 琛 / 责任校对：彭珍珍

责任印制：吴兆东 / 封面设计：无极书装

科学出版社 出版

北京东黄城根北街 16 号

邮政编码：100717

http://www.sciencep.com

北京虎彩文化传播有限公司 印刷

科学出版社发行 各地新华书店经销

*

2021 年 6 月第 一 版 开本：720×1000 B5

2021 年11月第二次印刷 印张：10

字数：197 000

定价：78.00 元

《博士后文库》编委会名单

《博士后文库》序言

1985 年，在李政道先生的倡议和邓小平同志的亲自关怀下，我国建立了博士后制度，同时设立了博士后科学基金。30 多年来，在党和国家的高度重视下，在社会各方面的关心和支持下，博士后制度为我国培养了一大批青年高层次创新人才。在这一过程中，博士后科学基金发挥了不可替代的独特作用。

博士后科学基金是中国特色博士后制度的重要组成部分，专门用于资助博士后研究人员开展创新探索。博士后科学基金的资助，对正处于独立科研生涯起步阶段的博士后研究人员来说，适逢其时，有利于培养他们独立的科研人格、在选题方面的竞争意识以及负责的精神，是他们独立从事科研工作的“第一桶金”。尽管博士后科学基金资助金额不大，但对博士后青年创新人才的培养和激励作用不可估量。四两拨千斤，博士后科学基金有效地推动了博士后研究人员迅速成长为高水平的研究人才，“小基金发挥了大作用”。

在博士后科学基金的资助下，博士后研究人员的优秀学术成果不断涌现。2013 年，为提高博士后科学基金的资助效益，中国博士后科学基金会联合科学出版社开展了博士后优秀学术专著出版资助工作，通过专家评审遴选出优秀的博士后学术著作，收入《博士后文库》，由博士后科学基金资助、科学出版社出版。我们希望，借此打造专属于博士后学术创新的旗舰图书品牌，激励博士后研究人员潜心科研，扎实治学，提升博士后优秀学术成果的社会影响力。

2015 年，国务院办公厅印发了《关于改革完善博士后制度的意见》（国办发〔2015〕87 号），将“实施自然科学、人文社会科学优秀博士后论著出版支持计划”作为“十三五”期间博士后工作的重要内容和提升博士后研究人员培养质量的重要手段，这更加凸显了出版资助工作的意义。我相信，我们提供的这个出版资助平台将对博士后研究人员激发创新智慧、凝聚创新力量发挥独特的作用，促使博士后研究人员的创新成果更好地服务于创新驱动发展战略和创新型国家的建设。

祝愿广大博士后研究人员在博士后科学基金的资助下早日成长为栋梁之才，为实现中华民族伟大复兴的中国梦做出更大的贡献。

中国博士后科学基金会理事长

序

流体与颗粒等之间的相互作用，除了有理论意义，还有重要的实用价值。作为流固相互作用的经典例子，钝体绕流过程中存在旋涡的产生、脱落等重要机理问题，某些室外的工程结构也会伴随有类似涡街的尾迹形态。圆柱等钝体对流体运动有分离作用，反过来，流动也可用于分离不同种类的颗粒。利用低雷诺数的惯性聚集效应进行的细胞筛选，可以实现精准、迅速、高通量的无损分离，在医疗检测方面有重要的应用价值。另外，基于光泳和热泳的作用原理，既可以实现生物大分子的驱动调控，又有助于相关测量仪器的研发。

本书从流固两相作用的应用背景和研究成果出发，介绍了作者关于流动分离与颗粒分离的理论分析、模拟计算和部分实验工作。主要内容包括：确切分析了卡门涡街的形状稳定性，定量描述了涡街中涡的三个主要特征以及尾迹流态和演化过程；确定了红细胞在微通道内的惯性聚集位置；给出了特定纳米流体的黏性表达式，改进了一种不可压缩流体的运动模型方程；表达并分析了具有非定常特性相关的热泳附加力，研究探讨了特别的传热过程；提出和验证了光泳升力；通过模拟讨论对比了球形纳米颗粒的光学吸收性能。本书对推动流动与颗粒分离技术的发展，以及太阳光能的开发利用，具有一定的启发和指导意义。

本书作者本科就读于天津大学工程力学系，毕业后保送到北京航空航天大学国家计算流体力学实验室直接攻读博士学位，而后在北京科技大学和清华大学做了两站博士后，对科学研究有着浓厚的兴趣和执着的追求。本书归纳整理了作者近些年的一些研究成果，相信本书的出版对两相作用相关的理论发展和技术应用会有一定的指导作用与参考意义。

吴颂平

北京航空航天大学

2020 年 10 月

前　言

流体与颗粒、细胞之间的相互作用，涉及多种影响机理，除了有理论研究意义，还有重要的工程实用价值。作为流固作用的经典问题之一，绕圆柱等钝体的流动过程中存在旋涡的生成与脱落，集中涡的稳定性等重要流动机理问题。另外，大量工程结构和某种条件下的叶片等的尾迹也会演化成类似卡门涡街的形态。圆柱或钝体对流动有分离作用，反过来，流动也可用于分离固体颗粒和细胞。利用“惯性聚集”原理进行细胞分离，可以实现精确、快速的高通量筛选，在生物医学方面有广阔的应用前景。另一方面，用于颗粒分离的热泳效应和光泳过程，既可以实现对细胞、生物大分子的无损操控，又有利于开发测量分子间相互作用的仪器。

实际上，在圆柱绕流的涡街中，脱落的旋涡对于来流是有一定相对速度的。涡街中单个涡具有不断变形和非定常的演化特征。下游进入涡心的部分，并非源于近壁剪切层中涡量极大值的位置。流体绕圆柱时通常出现分离涡，流体作用于分散的颗粒或细胞时，可能会发生惯性聚集效应。事实上，具有不同形状和尺寸的细胞，惯性聚集的位置与球形颗粒也有所区别。类似地，两相颗粒流体的黏性也因形状和取向性而各自不同。除了流动本身能分离颗粒，温度梯度和强光照射也可用来分离。用于颗粒分离的热泳效应和光泳过程，具有空间非均匀和时间非定常的特征，流体中颗粒的运动方式也是随时间发生变化的，它们的作用并不应该只包含传统的热泳力或光泳力这种单一方式。另外，当光照射在颗粒上时，纳米颗粒的光吸收性能受尺寸变化的影响较大。

针对上述流动和细胞、颗粒分离研究中的有关问题，作者近些年逐步开展了相应的理论分析、数值模拟和实验上的工作，取得了部分富有特色的研究成果。本书归纳整理了作者近些年的研究内容，书中同时简要介绍了其他研究者的相关学术成果。希望本书在一定程度上有助于流动和颗粒相互作用的理论及应用研究，并对同领域的部分研究者有一些思路上的启发。

本书由 7 章组成。第 1 章介绍了典型流固相互作用过程的应用背景和前人的研究成果，并对相关的基于热泳和光泳的操控技术进行了概述。第 2 章首先分析了卡门涡街的形状稳定性问题，然后对单个涡的特征以及尾迹流态和演化给出了定量的描述。第 3 章确定并验证了内管中红细胞的惯性聚集位置。第 4 章提出了纳米流体的等效黏性模型，以及改进的流动控制方程。第 5 章首先基于实际流体温度梯度的非定常特征，提出并分析、表达了新的热泳冲力，然后讨论了特别的传热方式和导热过程。第 6 章给出了两类光泳升力的表达式，并进行了分析和验证。第 7 章计算和分析了几种典型纳米颗粒的光学吸收和散射性能，确定了最佳吸收性能对应的颗粒尺寸，为给出综合优化方案提供了指导。

作者衷心感谢中国博士后科学基金特别资助和面上资助以及国家自然科学基金项目的资助。感谢课题组对作者在流固相互作用部分领域研究工作的大力支持，感谢整个研究团队里优秀的老师，以及我的学生们比如刘亚飞、孙国庭等。

由于时间和水平有限，书中难免有不足之处，欢迎读者提出宝贵意见。

董双岭

2020 年 5 月

目　录

第1章 绪　论

1.1 研究概述

流体与固体，包括颗粒、细胞之间的作用，是经典的学术问题。这些过程除了有理论研究意义，还有重要的工程实用价值。黏性与惯性的相对影响，在其中起着重要的作用。比如，黏性流体存在逆压梯度时，会造成流动分离；低雷诺数（Re）流动中的细胞筛选，却是运用了出现的惯性聚集效应；热泳和光泳驱动颗粒分离也是黏性影响的过程。

关于流体对圆柱体的作用，研究者注意到尾流状态随雷诺数变化，发现了从对称涡到周期性的涡脱落，上下两侧边界层的转捩等一系列转变过程。通过实验分析了来流湍流度、长细比等几种重要因素的影响。理论探讨了尾流中涡街的形成机理和稳定性问题，通过涡识别方法分析了它们的演化特征。运用模拟帮助理解剪切层和近尾迹转捩的内在机理，也便于精细地定量化分析，找出关键因素。

当流体作用对象为小球体或其他颗粒，并且流体速度较低时，比如有界的圆管内流入口，颗粒为自由分散状态。随着流动向下游发展，可以观察到圆管中的颗粒聚集到一个圆环面上，这种有趣的现象吸引了许多学者对其展开实验研究和理论探索。由于之前工业关注的管道内流多为湍流，该现象早期并未被实际应用所重视。近些年，由于微流控技术以及生物流体的不断发展，即涉及的整体尺寸较小时，它的应用开发价值逐渐显现出来，并发挥着越来越重要的作用，比如对循环肿瘤细胞进行高通量筛选等。为了利用该现象进行颗粒或细胞的分离，开发者探究了管道结构、颗粒形状等重要因素的影响，采用了效果更好的流道，比如用螺旋状的管来分离红细胞等。红细胞的浓度和速度剪切率会影响血液的流变特性。类似地，在基础流体中添加纳米颗粒，比如纤维柱状碳纳米管之后的纳米流体也会表现出类似的流变特征。随着剪切率的不断增加，团聚的碳纳米管会逐渐分离，分散的单个碳纳米管容易沿着流动方向运动，这使得纳米流体的有效黏性降低。分析这些特征的另一种重要方式，就是优化整体流动模型并进行模拟对照分析。

事实上，可以有多种方式对微纳颗粒和生物细胞进行聚集、捕捉和分离。实际操控的动力机制各不相同，除了有完全依赖于流体运动的惯性聚集效应，还有的是基于热泳或光泳等原理。运用温度梯度操控颗粒的热泳过程，在微流动分离技术和胶态晶体生长等领域有许多重要的应用。液体热泳较气体热泳的作用更复杂，主要是由于液体、颗粒分子之间的耦合作用，双电层的形成、相互影响以及周围的温度梯度转化为热泳力的机理尚待进一步明确。另一方面，实际流场中的温度梯度一般具有空间非均匀和时间非定常的特征。基于光泳原理发展起来的微操控技术——光镊技术，在物理、医学以及相关空间科学领域有着重要的应用价值。光镊技术可以方便而又精确地实现对颗粒运动的调控，比如可以将微纳米级颗粒沿轴向驱动几十厘米以上。影响颗粒光泳运动的一系列的可能因素，应包括光强的变化和颗粒自身的相对运动。另外，纳米颗粒本身可以将光能转化为热能，转换过程中颗粒的材料和尺寸影响很大，相应的一系列研究可用于提高太阳能集热器的性能和优化光伏光热综合系统。

总体上，从发展过程来看，最初看似无用的一些基础研究，后期大都有相关的应用前景。

1.2　流固相互作用

1.2.1　外流的圆柱绕流过程

绕圆柱的运动作为流体与固体相互作用的经典问题之一，绕圆柱等钝体的流动过程中也存在复杂的流动现象和机理，目前仍是一些研究者的关注对象。1912年，冯·卡门系统地研究了涡街的形成和稳定性问题，并确定了整体旋涡动量和尾迹阻力之间的关系，是圆柱绕流问题研究的开创性成果。经过一百多年的发展，研究者给出了各种实验、理论和计算的结果[1-5]，以及关于更广泛的钝体尾迹的研究成果[6-8]。

研究圆柱绕流问题，一方面要弄清楚流动中旋涡生成、演化、旋涡之间作用的规律，以及旋涡和其他因素之间相互影响的复杂非线性机理；另一方面要想办法对旋涡主导的流动加以调控[9]，以满足特定的工程应用需求。一般地，前者对后者具有启发和指导意义。

绕流的尾迹一般为非定常过程，其典型特征就是流动状态与雷诺数密切相关。总体上讲，随着雷诺数的增加，流体呈现不同的尾迹状态，回流区不稳定振荡[10]，尾迹转捩[11]、剪切层转捩[12]和边界层转捩相继发生[13]。除雷诺数外，其他因素，如表面粗糙度、来流湍流度、阻塞比、端部效应、长细比等，都会对圆柱绕流状态产生重要影响，因此不同实验的实验数据具有一定的离散性。

关于尾迹中涡街形成机理的研究，它本身也经历了一个发展变化的过程。Gerrard[14]认为是圆柱后面一侧的剪切层失去稳定后卷成旋涡，它不断地从与之相连接的剪切层获取涡量并逐渐增大。当其强度足够大时，就会把另一侧的剪切层也吸引过来，由于符号相反的涡量，切断了增长中的旋涡，使该侧旋涡脱落并向下游移动。Perry 等[15]拍摄了由静止起动的圆柱绕流，发现回流区内最初为对称旋涡，当涡开始脱落时，会出现一个瞬时的通道横穿回流区，流体经过通道进入圆柱底部另一侧的尾迹中，使另一侧的旋涡发生脱落，上下两侧的这一过程交替出现，从而形成涡街。从流线的拓扑结构来看，鞍点的形成具有重要的意义，它切断了原有涡的涡量来源，而且标志着新的回流区的形成。Coutancean 等[16]对圆柱绕流的旋涡形成过程进行了细致的实验研究。其主要观点是，由分离诱导出的二次涡将主涡分成大小两部分，二次涡具有振荡的特性，它周期性地与主涡相互作用，形成涡脱落。对尾流中二次涡的进一步研究表明，它主要有两种类型，分别发生在较低和较高的雷诺数下。利用等离子物理研究中绝对不稳定性等概念，可认为旋涡脱落和涡街的形成是流场对时间的总体不稳定性的响应[17]，而不是尾迹上游空间持续扰动作用的结果。当圆柱近尾迹流动出现整体不稳定性后，尾迹的动力学特性可以用描述弱非线性的 Stuart-Landau 方程表述。Roushan 等[18]将涡街分解为一系列涡对，它决定了尾迹边界的外部框架，并研究了这些涡对的扩散速度。他们认为涡对运动能量由源于自由流的横向射流的冲击提供，射流的强度决定了尾迹的渐进宽度和扩散速度，以此建立模型，得到涡系中所含动能的多少，解释了二维圆柱层流尾迹的普遍形态。实际上，研究者各自的解释，都从不同侧面合理地分析了涡街的形成过程。

很多流动过程包括湍流中的物理过程都可以用旋涡动力学的概念来解释。比如，剪切湍流被发现是由相干结构主导的，而旋涡动力学则控制相干结构的演化及相互作用。要识别出流动中较大尺度的旋涡结构，首先就要确定旋涡的定义。旋涡通常被视为由涡线组成的涡管，但事实上涡管与旋涡并不完全一致，比如管道层流中也存在涡管。旋涡也被视为绕公共中心旋转的物质微粒集合。

关于较传统的涡识别方式由 Jeong 和 Hussain[19]以及 Chakraborty 等[20]做了总结，Haller[21]和 Zhang 等[22]分析了之后的一些识别方法，比如典型的涡识别准则包括局部最小压力、封闭或螺旋的迹线或流线、涡量值较大区域等。基于速度梯度的准则，比如用一点的速度梯度张量有复特征值来判定；要求该张量的第二不变量为正，且压力较周围低；旋转、应变张量的平方和具有两个以上负特征值等。

除了大量的实验研究，关于圆柱绕流的模拟分析也相当丰富[23-25]。数值计算中，控制方程通常采用速度和压力的原始变量形式，也有采用涡量和流函数形式的。离散的方法包括有限元法（FEM）[26]、有限体积法[27]等。这些数值模拟[28]除了能很好地估计一些随时间变化的流动变量外（如平均和交变的作用力以及尾迹中的速度场），还有助于对流动机理的理解。事实上，由于雷诺数大于某一临界值后，实验中的流动会变成三维不稳定的，所以数值模拟还能比较二维和三维流动在较高雷诺数时的不同[1]，使得区分影响尾迹向三维转捩的内在和外在因素成为可能。

有限元法最初应用在弹性力学和结构分析中，由于其广泛的适用性和便于采用计算机编程计算，很快在许多工程领域中得到了广泛的应用。有限元法在流体力学中的应用较晚，首先用来解决位势流问题[29]，后来又发展了流线迎风有限元法[30]和 Taylor Galerkin 有限元法[31]等。

20 世纪 90 年代，有限元领域著名学者 Zienkiewicz 等[32]在前人研究的基础上发展了一种新的用于计算流动问题的有限元法——特征线分裂有限元算法（CBS 算法）。CBS 算法是一种在经典 Galerkin 法的基础上结合了特征线法和分裂算法的计算流体力学方法。与以往通过引入经验因子来修正权函数的方式不同，它直接由 Navier-Stokes 运动控制方程推导出合理的平衡耗散项，并且在进行 Galerkin 法空间离散时，可以对流体速度和压强采用相同的插值函数。

经过二十几年的时间，CBS 算法不断发展[33]，并应用于各种流体力学问题的求解[34]，比如非牛顿流、自由表面流、浮力驱动流、亚音速和超音速流动、浅水问题及表面波等，均获得了比较理想的计算结果[35]。第 2 章选用基于 CBS 算法的有限元法计算绕圆柱的流动过程。

1.2.2 内流的惯性聚集效应

同样是低雷诺数的运动，相对于近似无界的外流，有界的内流，比如管内流体作用于颗粒时也会发生有趣的运动过程。20 世纪 60 年代，Segre 和 Silberberg[36]发现随机散布颗粒的流体在以低雷诺数层流流入直管后，经过一段距离，这些颗粒会聚集在距离直管中心 0.6 倍圆环半径的同心圆上，这是最早观察到的“惯性聚集”现象，如图 1.1 所示。它表明了颗粒受到主流驱动力和横向升力的共同作用，横向升力在管道截面呈现不均匀分布，并且存在达到平衡的零点，零点所处的位置就是颗粒聚集的位置，这种现象称为管内的趋轴效应[37, 38]。

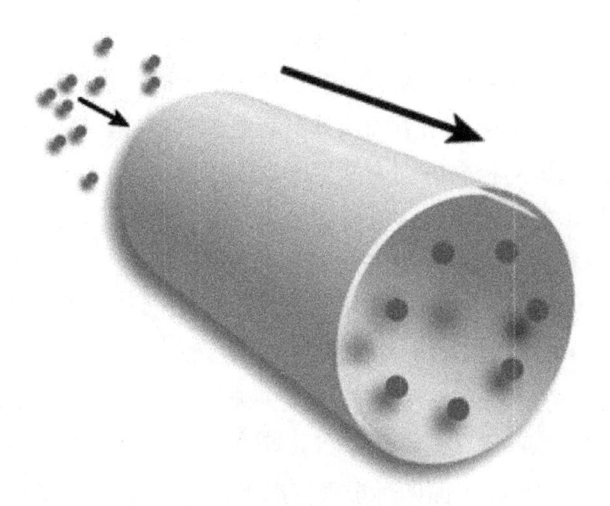

图 1.1　Segre-Silberberg 圆环[37]

随着对微流动研究的不断发展，国内外不少学者开展了对惯性聚集现象的实验研究，已经得出了圆形截面管道、方形截面管道、矩形截面管道中颗粒的聚集特性。

在圆管中，颗粒聚集的位置与管道雷诺数和颗粒尺寸有关，管道雷诺数越小，颗粒尺寸越大，聚集位置向管道中心线移动[39]。在方形截面微通道中，当通道雷诺数在 100 以内时，选择合适的通道雷诺数和颗粒相对直径，颗粒聚集位置会靠近管道壁面的中点位置[40]。在矩形截面微通道中，颗粒聚集特性取决于通道截面宽度 L_c，而不是截面的水力直径 D_h[41]，D_h 的计算公式为 $D_h = 2bw/(b+w)$，其中 b 和 w 分别为通道横截面的高度和宽度。

由于惯性升力与颗粒自身特性有关[42]，允许流体有较高的流量，惯性聚集适合应用于颗粒和细胞的过滤与分离。在直的微通道中可以利用惯性聚集原理进行动态分离和平衡分离，前者是根据不同尺寸颗粒的移动时间不同来进行分离[43]，后者是根据不同尺寸颗粒的聚集位置不同来进行分离[44]。

Park 等[45]设计了一种由 80 个对称缩扩结构构成的微流控芯片，它利用流道结构诱导产生的涡流和横向升力诱导产生的涡流聚集颗粒，在流量为 80μL/min 时，可以把 7μm 的聚苯乙烯颗粒聚集在两个横向位置。Mach 和 Carlo[46]研究了一种大规模并行化的微流体装置，用来从稀释的血液中被动分离致病菌。该装置由 40 个放置成径向阵列的单直微通道组成，每个通道由三个具有不同横截面的区段组成，各个区段中颗粒的速度不同，通过惯性升力的不同来进行细胞分离，结果表明，超过 80%的致病菌可以在两次通过该系统后被去除。

当流体以低雷诺数的层流流入弯管时，由于中心流体与通道的近壁区域之间的下游方向上的速度不匹配，在流体流过弯曲通道时产生二次流。因此，通道中心线附近的流体比通道壁面附近的流体具有更大的惯性，并且倾向于围绕曲线向外流动，从而在通道的径向方向上产生一定的压力梯度。由于通道是封闭的，在这个离心压力梯度的作用下，靠近壁面的相对停滞的流体再次向内循环，在垂直于流动方向的管道截面上会产生一对转向相反的二次涡流，称为 Dean 涡，无量纲参数 De（$De=(H/2R)^{1/2}Re$）用来描述其结构特征[44]。如果颗粒存在于 Dean 涡中，会受到一个驱动力 Dean 曳力的作用，即 $F_D=3\pi\mu aU_D$，其中，U_D 为 Dean 速率，其值正比于 De 数的平方。因此，在弯管中，横向升力与 Dean 曳力的比值 R_f 是一个重要的参数，$R_f=a^2R/H$，它对颗粒在弯管中的受力情况和惯性聚集的分析有指导作用，比如在下面两种极限情况下，当 $R_f\to0$ 时，颗粒将沿着 Dean 涡流运动，不再形成惯性聚集；而当 $R_f\to\infty$ 时，颗粒聚集的位置将不受到 Dean 涡的影响。一般地，当 R_f 是一个有限的值时，颗粒同时受到惯性升力和 Dean 曳力的作用，新惯性聚集位置会与同等条件下直管中的不同。但是，二次流和升力效应叠加的确切机理和位置是复杂的，R_f 只是一个估计参数[37]。为了有效过滤颗粒，要求它们大于微流体通道的最小部分，并满足 a/H 大于 0.07。

选择适当的 R_f 数值，采用弯管代替直管进行颗粒分离，存在更大的优势，主要表现在三个方面：一是弯管可能使颗粒聚集位置更集中，便于收集，如图 1.2 所示；二是弯管有助于减小装置的尺寸；三是引入“曲率”因素，可能对不同尺度的颗粒进行同时分离[44]。

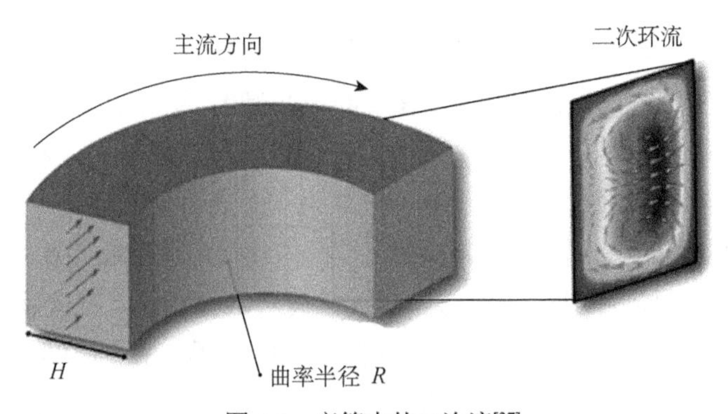

图 1.2　弯管中的二次流[37]

目前已经有许多弯曲几何形状的微通道被用于过滤和分离，包括螺旋形，单曲线以及对称和不对称蛇形曲线[47, 48]。这其中螺旋微通道最为常见，比如帕洛阿尔托研究中心的相应成果较易进行商业化的推广，他们通过盘式过滤单元的平行堆积，其螺旋过滤系统的流量能达到100L/min，该装置有望应用于海水淡化厂的预处理和工业液体过滤[44]。Syed等[49]设计了一个具有八个圆形回路的螺旋微通道来分离微藻细胞，这项研究表明螺旋微通道用于选择性分离和纯化被入侵的硅藻污染的四片藻培养物的可行性，使用这种技术，细胞被分级分离，而任何物种的生存力没有明显损失。这项研究开创了一种新的低成本的选择性微藻分离方法。Warkiani等[50]利用螺旋微流体装置从裂解的血液中分离循环肿瘤细胞，工作室细胞分选器的主要设计原理是具有适当通道深度的微流体通道，其只允许靠近内壁的大目标细胞的惯性聚集，而使剩余的较小的非目标细胞分散并且跟随流线离开内壁。该装置可以使用标准的微制造和软光刻技术以极低的成本生产，处理时间快速和能从大量患者血容量中采集循环肿瘤细胞，这使得该技术可以用于基因组的实验中。在目前的研究工作中，螺旋设计还没有根据物理原理进行优化，应该继续进行深入的探索以设计出小体积、低能耗的装置[44]。

采用螺旋管道和单圆弧弯管很难通过并联多个管道来增加系统的通流量，采用蛇形弯管则可以很容易地实现多个弯管并联，使系统通流量明显提高。在不对称蛇形通道中可以产生明显的惯性聚集以及粒子间距，这在一系列应用中非常有前景，比如流式细胞仪系统、单细胞的流体动力学拉伸。此外，它还可以用于自动流通式单细胞图像分析的超快光学捕获系统集成[51]。

惯性聚集原理在分离血浆方面有显著的优势，它可以满足血浆分离过程中比较重要的两个需求：一是快速并且高通量地分离；二是避免在分离的过程中出现溶血现象。黄炜东等设计了具有非对称弯管结构通道的微流控芯片，成功地将其应用于血浆的分离，进而得到了高纯度和高产率的血浆，并且基本不损伤血细胞。该芯片主要由一个入口、分离区域和收集区域组成。整个微流控芯片共分为18个小的单元。收集区域有两个样品收集出口，一个主要收集惯性聚集流动的血细胞，另一个收集低血细胞含量的血浆。样品两次流过该芯片即二级分离后，红细胞分离效率超过90%，且该芯片可以用作功能模块，从而方便地与实验室已有的芯片系统集成。用该芯片分离血浆时，分离时间较短且分离产率高，适用于法医进行现场微量血迹分析时的样品制备[52]。

以基于微流控芯片技术的细胞检测、分类和分选为研究对象，对细胞在微流体通道内的分布特性、细胞电阻抗检测方法等关键的技术展开研究，可以开发出基于微流控芯片的细胞光信号编码技术[53]。该技术结合编码信息和微流体直管通道的流速分布对称特征，能用来预测细胞在微通道内流动时的三维分布情况，还可有助于定量评估微流控芯片三维聚集设计的有效性。该方法不需要利用高倍显微镜等复杂的仪器，而是利用光信号编码技术来计算细胞在微通道内的流动速度，然后通过速度变异系数评估细胞在微通道内的聚集情况。

利用惯性聚集现象不仅可以进行工业酶、细菌的筛选，也可以筛选抗体，还能对循环肿瘤细胞等进行高通量的筛选。比如基于液滴顺序操作阵列的系统，可以实现对超微量液体的自动操控，并用于酶、细胞以及蛋白质结晶条件的筛选[54]。

1.3 热泳和光泳对颗粒的分离作用

1.3.1 热泳驱动颗粒

在温度梯度的驱动下，微纳粒子在流体中所发生的定向运动过程称为热泳。通过实验研究发现，运用热泳可以有利于实现微纳颗粒、DNA 等生物大分子的捕捉技术。最近几年发展起来的分子间相互作用分析仪——微量热泳动仪[55]，其原理就是基于微观的热泳运动。

热泳现象，又称 Soret 效应，主要包括气体和液体热泳，固体间也会发生类似热泳的运动[56-58]。大多数情况是粒子从高温区移动到低温区，但在特殊条件下会出现反向的运动[59]。针对气体热泳的研究相对比较成熟，其应用范围也更广。对于气体热泳，可以通过求解简化 Boltzmann 方程得到粒子周围的速度分布，然后对表面进行积分获得热泳力的大小。随着努森数（Kn）的增加，颗粒周围大致分为连续流区、滑移流区、过渡区和自由分子流区四种情况。数值模拟表明，自由分子流区的热泳迁移速度与粒子半径和热导率无关，只与气体物性和温度梯度有关[60]。当连续区内努森数趋于零并且热导率极高时，可能出现反向热泳的情况。基于 Bhatnagar-Gross-Krook（BGK）模型[61]的理论可以解释该现象，但由于 BGK 模型本身的缺陷使得负热泳的存在不能被证实。相对其他流体作用力，上述过程中可能存在的负热泳力很小，负热泳的存在与否这个问题还未得到很好的解决。针对过渡区，可以通过数值求解 Boltzmann 方程的方式进行研究。

由于液体热泳的作用机理复杂，成熟的理论模型难以建立，研究主要以实验和分子动力学模拟为主。对于小分子液体内的热泳，当势能作用系数相同时，尺寸小、质量大的分子向低温处运动，改变势能作用系数，Soret 系数的符号会随液体组分而发生变化[62]。实验表明，纳米尺度的固体间也会发生热泳现象，比如碳纳米管内外的固体纳米颗粒在温度梯度的驱动下会向低温方向运动[56]。可以基于简化的弹簧模型分析碳纳米管热驱动力的来源，研究表明呼吸模式的声子具有很重要的作用[63]，但目前为止，尚无理论模型准确预测固体热泳现象并揭示其发生的内在机理。一般采用热透镜法、光束偏转法和荧光检测法对热泳现象进行实验研究，主要因素包括粒子大小、溶液温度、溶剂极性和双电层等[64-66]，这些丰富的实验数据为进一步深入的理论分析奠定了基础。

1.3.2　光泳操控颗粒

光能够影响物体的运动，光与物质特别是微纳米颗粒相互作用的研究，已经有五十年左右的历史。光泳通常又称为光致微粒运动，当光照射到颗粒表面时，光子就会被颗粒所吸收，光子的动量会变成光辐射压力而能量就会以热的形式被颗粒所吸收，颗粒被加热，其表面就会产生一定的温度梯度（颗粒尺寸相对越大，效果就越明显），而由此产生作用在颗粒上的光泳力就会使颗粒发生运动，这一现象称为光泳效应。光泳原理一个非常重要的应用就是用来改变微纳米级颗粒的运动，实现对颗粒的驱动、捕获和分离。基于光泳力的原理发展起来的光镊技术，作为一种不需接触、没有损伤、精度较高的微操控技术，在物理、化学、医药、生物学以及温室监控和相关空间科学等领域都有着重要的应用价值。

对于光捕捉和光操控颗粒的研究，可以从 1970 年开始算起。Ashkin[67]首次通过实验观察到了悬浮颗粒在光辐射压作用下沿轴向的加速运动，使用波长为 514.5nm 的连续激光束对直径为 2.68μm 的微米级颗粒球进行光操控。此后，基于该项研究成果，逐渐有很多研究者开始了利用光来操控颗粒运动的实验和理论研究。国内外对于光泳力的定量分析也逐渐发展起来。基于光泳原理的微操控技术是一种非接触式操控技术，不同于机械操控，它对于被操控对象不会产生损害，也不会影响被操控对象的物理化学特性，是一种物理操控的过程。

为了进一步研究光操控对对象的适用性，Ashkin 等[68]利用红外光束形成的光阱成功捕获了单个酵母细胞，并在显微镜下观察到了单个酵母细胞分裂增殖的全过程，将光操控应用到了生物学领域。Perkins 等[69]进一步发展了利用光辐射压力进行操控生物物质的实验，观察了用荧光标记的 DNA 单个分子在光辐射压力作用下被拉紧，然后消除光照条件后，其从拉伸状态到恢复到双螺旋结构这一过程，观察到了 DNA 分子聚合链特征性的运动，以此可以解释很多生物材料黏弹性特征的内在原因。这些生物学上的实验研究，均是在光辐射压力作用下的光操控技术，而后期研究表明，光泳力在数值上要比光辐射压力高出五个量级以上[70]。

而对于较大颗粒，光辐射压力由于其大小的限制无法实现对颗粒的捕捉和操控，光泳力在数量级上要比光辐射压力大几个量级，所以，研究者逐渐开始在实验室中利用光泳力进行一系列研究。2006 年，Wurm 和 Krauss[71]利用红外光束照射一石墨粉尘床，观察到石墨颗粒从表面喷射的现象，又进一步研究了光泳力对于环境压力的依赖性，得出环境压力通过影响气体介质的热导率来影响光泳力大小的结论。2012 年，Eymeren 和 Wurm[72]从另一个角度研究了光泳力对于颗粒运动的影响，通过建立颗粒模型分析了在颗粒光泳力和重力作用下，颗粒会受到一定扭矩而旋转起来的情况，对颗粒的光泳运动有了更全面的认识。

随着光泳原理的发展，对于光泳力的认识也逐渐深入，2014 年，Küpper 等[73]根据光泳力形成机理的不同，将光泳力分开来研究，对其两组分分别对颗粒的作用进行研究。他们在微重力实验环境下，研究了多分散系玄武石微粒的光泳现象，发现在稀薄环境下，颗粒表面存在的温度梯度会使其沿着光照方向运动，而颗粒其他方向上的运动是由于自身调节系数的影响。同时，光泳原理在空间科学领域的应用也逐渐发展起来。2017 年，McNally 和 McClure[74]对原行星盘内侧的灰尘颗粒进行光捕获和光分离实验，通过综合光线、湍流和灰尘沉降的计算，获得较大尺寸颗粒在行星内盘范围内的垂直分布情况。

1.3.3 颗粒的光热转化

光能除了可以驱动颗粒运动外，更广泛地，还能被颗粒吸收转化为热能，比如两相的颗粒流体也可用于直接吸收太阳能，采用直吸式太阳能集热器，可以允许温度峰值出现在流体内部[75]，有利于减少热损失，降低热阻的影响。如果使用纳米尺寸的颗粒，效果更好。纳米粒子由于其优异的光学和热学性能被广泛地应用到太阳能发电领域。一方面，加入纳米流体的直接吸收式集热器可以使集热效率提升 10%[76]。更重要的，该集热器可用于光伏光热系统，光伏光热系统还处于发展阶段，已经开发出的光伏光热系统具有进一步发展和优化的可能性。许多研究者正在努力改善传统的空基和水基光伏光热系统的性能，也有研究人员则主要研究了一些用于光伏光热系统的优化技术，纳米流体是不错的选择。

纳米流体对于系统效率提升的影响因素，包括颗粒的尺寸、形状、材料和浓度等。纳米颗粒的材料和尺寸对辐射特性及系统的光热转换有显著影响。光与纳米颗粒的相互作用，可以通过麦克斯韦方程进行描述。当入射的光子频率与颗粒表面的自由电子振动频率相匹配时，纳米颗粒对光子产生很强的吸收作用，即发生了局部表面等离子共振现象[77]。1908 年，Mie[78]提出了解释局部等离子体共振现象的 Mie 理论，得到了极坐标下球形纳米颗粒的麦克斯韦方程的解析解。然而，对于复杂形状及形貌的粒子，一般只能用数值方法求解麦克斯韦方程组，比如有限元法（FEM）[79]、严格耦合波近似理论（RCWA）[80]、离散偶极近似法（DDA）[81]和时域有限差分法（FDTD）[82]等。

对于金属纳米粒子，Kim 等[83]基于 FDTD 数值方法研究了 Ag 纳米颗粒的太阳能吸收光谱以及纳米颗粒周围的电场分布，发现 Ag 纳米颗粒放置于不同基体上时，其等离子共振波长会发生变化，随着基体折射率的增加，吸收光谱会产生一定的红移。Yao 等[84]利用 FDTD 方法模拟了 Au 纳米粒子加载到 TiO_2 衬底上的光吸收特性。Holm[85]理论研究了悬浮在水中的金属纳米颗粒（金，银，铝和铜）组成的纳米流体的吸收和散射特性。发现金属颗粒的形状、尺寸以及周围环境的介电常数等因素均会影响纳米粒子与太阳光相互作用的等离子共振波长和带宽。实验结果表明，与 H_2O 相比，Au 纳米流体的光热转换效率提升了 20%左右。进一步的研究表明，在不同滤光条件下 Au 纳米流体与基液流体之间的温差小于全太阳光谱照射的温差。它们之间的最大温差来自 500nm 的入射光波长[86]。

对于非金属纳米颗粒，除了一些黑体纳米粒子外，大多与其他金属纳米粒子形成复合纳米结构，进一步提高对太阳能的捕获和吸收能力。数值研究表明，碳-金（C-Au）核壳纳米粒子分散在液态水中的光吸收特性，与单一体系的 C 或 Au 球和 Au 壳相比，当半径大于 40nm 时，C-Au 核壳结构的共振吸收峰和带宽都得到了改善。Wang 等[87]进行了核壳型 Cu/石墨烯纳米流体的数值模拟研究，结果表明，Cu/石墨烯纳米流体显示出优异的光热转换性能。Zakharko 等[88]首次将等离子体纳米 Ag/SiN_x 衬底与 SiC 纳米颗粒结合，很大程度上增强了纳米颗粒的非线性光学响应，提高了其散射效率。Fredriksson 等[89]基于 FDTD 方法研究发现石墨纳米结构的光谱吸收峰随着尺寸的增加而产生一定的红移现象，吸收峰的强度随着纳米结构高度的增加而增加，而颗粒直径的增加会降低纳米结构的太阳能吸收效率。近些年来，又有很多研究者设计并制备了新型的复合纳米结构，均表现出了优异的光学特性，如图 1.3 所示。Rahman 等[90]通过化学还原法在硅球表面装饰了小尺寸的 Ag 纳米颗粒，研究发现这一新型结构使得水蒸气发生效率可高达 63.82%。Liu 等[91]研究了非对称的核壳纳米颗粒的光吸收特性，发现与传统核壳纳米流体相比，太阳能热转换效率可提高 10.8%。Zeng 等[92]研究了磁性纳米粒子 Fe_3O_4 表面装饰 TiN 纳米颗粒，制备的纳米流体可以实现入射太阳能的全谱吸收。

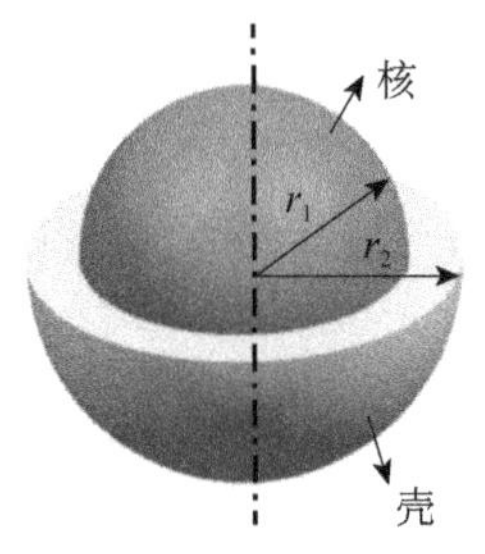

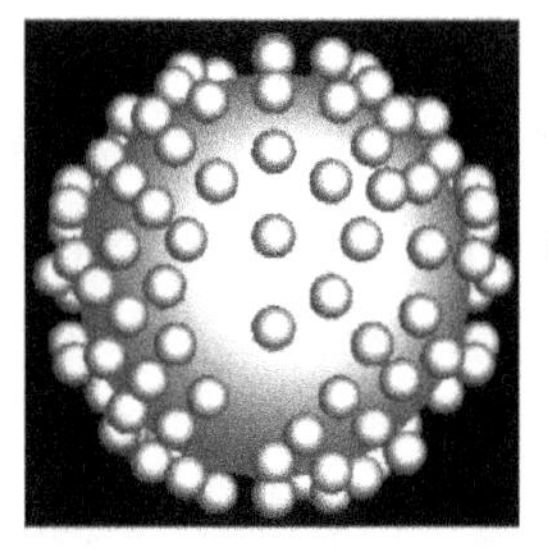
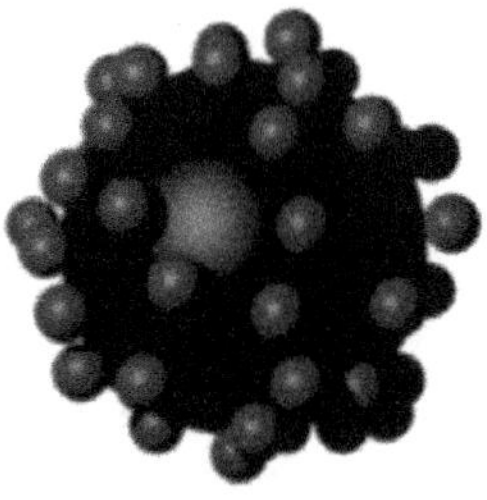

图 1.3　新型复合纳米粒子结构示意图[90-92]

相对于金属纳米粒子和复合纳米粒子的纳米结构，研究者对于单一的非金属纳米颗粒光学特性的研究相对较少。Liu 等[93]基于直接吸收太阳能集热器对石墨烯/离子液体纳米流体进行数值和实验研究，结果表明，接收器效率随着太阳强度和接收器高度的增加而增加，但随着石墨烯浓度的增加而降低。Sun 等[94]通过等离子体蚀刻工艺制造由石墨纳米锥和纳米线组成的可弯曲的超黑材料，并利 FDTD 进行模拟，发现其结构表现出超低的反射率，进而增强了对太阳光的吸收特性。Ishii 等[95]研究了 TiN 对太阳辐射的吸收性能。发现其具有比金、碳纳米颗粒更高的太阳能吸收效率。其具有较弱的等离子共振强度有利于实现对太阳辐射的全光谱吸收。

实际上，入射光的能量由于纳米颗粒的吸收和散射而衰减，当颗粒尺寸小于辐射波波长时，吸收起主要作用，辐射能量的衰减符合负指数形式[96]。此外，通过调节颗粒的材料、尺寸以及纳米流体的浓度，可以改变流体的吸收光谱，实现对太阳辐射的选择性吸收，从而进一步优化光伏光热系统。

参考文献

[1] Williamson C H K. Vortex dynamics in the cylinder wake. Annual Review of Fluid Mechanics，1996，28（1）：477-539.

[2] Berger E，Wille R. Periodic flow phenomena. Annual Review of Fluid Mechanics，1972，4（1）：313-340.

[3] Wille R. Karman vortex streets.Advances in Applied Mechanics，1960，6：273-295.

[4] Yildirim I，Rindt C C M，van Steenhoven A A. Mode C flow transition behind a circular cylinder with a near-wake wire disturbance. Journal of Fluid Mechanics，2013，727：30-55.

[5] Nagata T，Noguchi A，Kusama K，et al. Experimental investigation on compressible flow over a circular cylinder at Reynolds number of between 1000 and 5000. Journal of Fluid Mechanics，2020，893：A13.

[6] Mair W A，Maull D J. Bluff bodies and vortex shedding—a report on Euromech 17. Journal of Fluid Mechanics，1971，45（2）：209-224.
[7] Bearman P W. Vortex shedding from oscillating bluff bodies. Annual Review of Fluid Mechanics，1984，16（1）：195-222.
[8] Matsumoto M. Vortex shedding of bluff bodies：a review. Journal of Fluids and Structures，1999，13（7）：791-811.
[9] Dipankar A，Sengupta T K，Talla S B. Suppression of vortex shedding behind a circular cylinder by another control cylinder at low Reynolds numbers. Journal of Fluid Mechanics，2007，573：171-190.
[10] Provansal M，Mathis C，Boyer L. Bénard-von Kármán instability：transient and forced regimes. Journal of Fluid Mechanics，1987，182：1-22.
[11] Williamson C H K. The existence of two stages in the transition to three-dimensionality of a cylinder wake. Physics of Fluids，1988，31：3165-3168.
[12] Bearman P W. On vortex shedding from a circular cylinder in the critical Reynolds number regime. Journal of Fluid Mechanics，1969，37（3）：577-585.
[13] Roshko A. Experiments on the flow past a circular cylinder at very high Reynolds number. Journal of Fluid Mechanics，1961，10（3）：345-356.
[14] Gerrard J H. The mechanics of the formation region of vortices behind bluff bodies. Journal of Fluid Mechanics，1966，25（2）：401-413.
[15] Perry A E，Chong M S，Lim T T. The vortex-shedding process behind two-dimensional bluff bodies. Journal of Fluid Mechanics，1982，116：77-90.
[16] Coutanceau M. On the role of high order separation on the onset of the secondary instability of the circular cylinder wake boundary. C. R. Academic Science Series Ⅱ，1988，306：1259-1263.
[17] Oertel H. Wakes behind blunt bodies. Annual Review of Fluid Mechanics，1990，22：539-564.
[18] Roushan P，Wu X L. Universal wake structures of Kármán vortex streets in two-dimensional flows. Physics of Fluids，2005，17（7）：073601.
[19] Jeong J，Hussain F. On the identification of a vortex. Journal of Fluid Mechanics，1995，285：69-94.
[20] Chakraborty P，Balachandar S，Adrian R J. On the relationships between local vortex identification schemes. Journal of Fluid Mechanics，2005，535：189-214.
[21] Haller G. Lagrangian coherent structures. Annual Review of Fluid Mechanics，2015，47：137-162.
[22] Zhang Y N，Liu K H，Xian H Z，et al. A review of methods for vortex identification in hydroturbines. Renewable and Sustainable Energy Reviews，2018，81：1269-1285.

[23] Braza M，Chassaing P，Minh H H. Numerical study and physical analysis of the pressure and velocity fields in the near wake of a circular cylinder. Journal of Fluid Mechanics，1986，165：79-130.

[24] Slaouti A，Stansby P K. Flow around two circular cylinders by the random-vortex method. Journal of Fluids and Structures，1992，6（6）：641-670.

[25] Farrant T，Tan M，Price W G. A cell boundary element method applied to laminar vortex-shedding from arrays of cylinders in various arrangements. Journal of Fluids and Structures，2000，14（3）：375-402.

[26] Mittal R，Balachandar S. Effect of three-dimensionality on the lift and drag of nominally two - dimensional cylinders. Physics of Fluids，1995，7（8）：1841-1865.

[27] Persillon H，Braza M. Physical analysis of the transition to turbulence in the wake of a circular cylinder by three-dimensional Navier-Stokes simulation. Journal of Fluid Mechanics，1998，365：23-88.

[28] Norberg C. Fluctuating lift on a circular cylinder：review and new measurements. Journal of Fluids and Structures，2003，17（1）：57-96.

[29] Zienkiewicz O C，Cheung Y K. Finite element method in the solution of field problems. The Engineer，1965，24：501-510.

[30] Brooks A N，Hughes T J R. Streamline upwind/Petrov-Galerkin formulations for convection dominated flows with particular emphasis on the incompressible Navier-Stokes equations. Computer Methods in Applied Mechanics and Engineering，1982，32（1）：199-259.

[31] Donea J. A Taylor-Galerkin method for convective transport problems. International Journal for Numerical Methods in Engineering，1984，20（1）：101-119.

[32] Zienkiewicz O C，Wu J. A general explicit or semi - explicit algorithm for compressible and incompressible flows. International Journal for Numerical Methods in Engineering，1992，35（3）：457-479.

[33] Cook C R，Balachandar S，Chung J N，et al. A generalized Characteristic-Based Split projection method for Navier-Stokes with real fluids. International Journal of Heat and Mass Transfer，2018，124：1045-1058.

[34] Zienkiewicz O C，Taylor R L，Nithiarasu P. The Finite Element Method for Fluid Dynamics. 6th ed. London：Butterworth-Heinemann，2005.

[35] Nithiarasu P，Codina R，Zienkiewicz O C. The Characteristic-Based Split（CBS）scheme - a unified approach to fluid dynamics. International Journal for Numerical Methods in Engineering，2006，66（10）：1514-1546.

[36] Segre G，Silberberg A. Radial particle displacements in poiseuille flow of suspensions. Nature，

1961，189：209.

[37]Di Carlo D. Inertial microfluidics. Lab on a Chip，2009，9（21）：3038-3046.

[38]Robinson M，Marks H，Hinsdale T，et al. Rapid isolation of blood plasma using a cascaded inertial microfluidic device. Biomicrofluidics，2017，11（2）：024109.

[39]Matas J P，Morris J F，Guazzelli É. Inertial migration of rigid spherical particles in Poiseuille flow. Journal of Fluid Mechanics，2004，515：171-195.

[40]Di Carlo D，Edd J F，Humphry K J，et al. Particle segregation and dynamics in confined flows. Physical Review Letters，2009，102（9）：094503.

[41]Bhagat A A S，Kuntaegowdanahalli S S，Papautsky I. Inertial microfluidics for continuous particle filtration and extraction. Microfluidics and Nanofluidics，2009，7（2）：217-226.

[42]Hur S C，Choi S E，Kwon S，et al. Inertial focusing of non-spherical microparticles. Applied Physics Letters，2011，99（4）：044101.

[43]Wu Z，Willing B，Bjerketorp J，et al. Soft inertial microfluidics for high throughput separation of bacteria from human blood cells. Lab on a Chip，2009，9（9）：1193-1199.

[44]王企鲲，孙仁. 管流中颗粒“惯性聚集”现象的研究进展及其在微流动中的应用. 力学进展，2012，42（6）：692-703.

[45]Park J S，Song S H，Jung H I. Continuous focusing of microparticles using inertial lift force and vorticity via multi-orifice microfluidic channels. Lab on a Chip，2009，9（7）：939-948.

[46]Mach A J，Di Carlo D. Continuous scalable blood filtration device using inertial microfluidics. Biotechnology and Bioengineering，2010，107（2）：302-311.

[47]Di Carlo D，Irimia D，Tompkins R G，et al. Continuous inertial focusing，ordering，and separation of particles in microchannels. Proceedings of the National Academy of Sciences，2007，104（48）：18892-18897.

[48]Di Carlo D，Edd J F，Irimia D，et al. Equilibrium separation and filtration of particles using differential inertial focusing. Analytical Chemistry，2008，80（6）：2204-2211.

[49]Syed M S，Rafeie M，Vandamme D，et al. Selective separation of microalgae cells using inertial microfluidics. Bioresource Technology，2018，252：91-99.

[50]Warkiani M E，Khoo B L，Wu L D，et al. Ultra-fast，label-free isolation of circulating tumor cells from blood using spiral microfluidics. Nature Protocols，2016，11（1）：134-138.

[51]Zhang J，Yan S，Yuan D，et al. Fundamentals and applications of inertial microfluidics：a review. Lab on a Chip，2016，16（1）：10-34.

[52]黄炜东，张何，徐涛，等. 基于惯性微流原理的微流控芯片用于血浆分离. 科学通报，2011，56（21）：1711-1719.

[53]梅哲. 基于微流控芯片的细胞检测、分类和分选若干技术研究. 北京：北京理工大学，2015.

[54]林炳承. 微流控芯片的研究及产业化. 分析化学，2016，44（4）：491-499.

[55]Wienken C J，Baaske P，Rothbauer U，et al. Protein-binding assays in biological liquids using microscale thermophoresis. Nat. Commun.，2010，100：1-7.

[56]Barreiro A，Rurali R，Hernandez E R，et al. Subnanometer motion of cargoes driven by thermal gradients along carbon nanotubes. Science，2008，320：775-778.

[57]Santamaria-Holek I，Reguera D，Rubi J M. Carbon-nanotube-based motor driven by a thermal gradient. Indian. J. Chem. A，2013，117：3109-3113.

[58]Hou Q W，Cao B Y，Guo Z Y. Thermal gradient induced actuation in double-walled carbon nanotubes. Nanotechnology，2009，20：495503.

[59]Putnam S A，Cahill D G，Wong G C L. Temperature dependence of thermodiffusion in aqueous suspensions of charged nanoparticles. Langmuir，2007，23（18）：9221-9228.

[60]Waldmann L. Uber die Kraft eines inhomogenen Gases auf kleine suspendierte Kugeln. Zeitschrift fur Naturforschung，1959，14a：589-599.

[61]Yamamoto K，Ishihara Y. Thermophoresis of a spherical particle in a rarefied gas of a transition regime. Physics of Fluids，1988，31：3618-3624.

[62]Artola P A，Rousseau B. Microscopic interpretation of a pure chemical contribution to the soret effect. Physical Review Letters，2007，98：125901.

[63]Schoen P A E，Walther J H，Poulikakos D，et al. Phonon assisted thermophoretic motion of gold nanoparticles inside carbon nanotubes. Applied Physics Letters，2007，90：253116.

[64]Iacopini S，Rusconi R，Piazza R. The “macromolecular tourist”：universal temperature dependence of thermal diffusion in aqueous colloidal suspensions. European Physical Journal E，2006，19：59-67.

[65]Braibanti M，Vigolo D，Piazza R. Does thermophoretic mobility depend on particle size? Physical Review Letters，2008，100：108303.

[66]Luettmer-Strathmann J. Two-chamber lattice model for thermodiffusion in polymer solutions. Journal of Chemical Physics，2003，119：2892-2902.

[67]Ashkin A. Acceleration and trapping of particles by radiation pressure. Physical Review Letters，1970，24（4）：156-159.

[68]Ashkin A，Dziedzic J M，Yamane T. Optical trapping and manipulation of single cells using infrared laser beam. Nature，1987，330（6150）：769-771.

[69]Perkins T T，Quake S R，Smith D E，et al. Relaxation of a single DNA molecule observed by optical microscopy. Science，1994，264（5160）：822-825.

[70]Lewittes M，Arnold S. Radiometric levitation of micron sized spheres. Applied Physics Letters，1982，40（6）：455-457.

[71]Wurm G，Krauss O. Dust eruptions by photophoresis and solid state green house effects. Physical Review Letters，2006，96（13）：134301.

[72]Eymeren J V，Wurm G. The implications of particle rotation on the effect of photophoresis. Mon. Not. R. Astron. Soc.，2012，420（1）：183-186.

[73]Küpper M，Beule C，Wurm G，et al. Photophoresis on polydisperse basalt micro- particles under microgravity. Journal of Aerosol Science，2014，76（10）：126-137.

[74]McNally C P，McClure M K. Photophoretic levitation and trapping of dust in the inner regions of protoplanetary disks. The Astrophysical Journal，2017，834（1）：48.

[75]Otanicar T P，Phelan P E，Prasher R S，et al. Nanofluid-based direct absorption solar collector. Journal of Renewable and Sustainable Energy，2010，2：033102.

[76]Kasaeian A，Eshghi A T，Sameti M. A review on the applications of nanofluids in solar energy systems. Renewable and Sustainable Energy Reviews，2015，43：584-598.

[77]Haes A J，Van Duyne R P. A nanoscale optical biosensor：sensitivity and selectivity of an approach based on the localized surface plasmon resonance spectroscopy of triangular silver nanoparticles. Journal of the American Chemical Society，2002，124（35）：10596-10604.

[78]Mie G. Articles on the optical characteristics of turbid tubes，especially colloidal metal solutions. Annalen der Physik，1908，25（3）：377-445.

[79]Zienkiewicz O C，Taylor R L，Nithiarasu P，et al. The Finite Element Method. London：McGraw-hill，1977.

[80]Moharam M G，Gaylord T K. Rigorous coupled-wave analysis of planar-grating diffraction. Journal of the Optical Society of America，1981，71（7）：811-818.

[81]Draine B T. The discrete-dipole approximation and its application to interstellar graphite grains. The Astrophysical Journal，1988，333：848-872.

[82]Zivanovic S S，Yee K S，Mei K K.A subgridding method for the time-domain finite-difference method to solve Maxwell's equations. IEEE Transactions on Microwave Theory and Techniques，1991，39（3）：471-479.

[83]Kim J，Lee G J，Park I，et al. Finite-difference time-domain numerical simulation study on the optical properties of silver nanocomposites. Journal of Nanoscience and Nanotechnology，2012，12（7）：5527-5531.

[84]Yao G Y，Liu Q，Zhao Z Y. Studied localized surface plasmon resonance effects of Au nanoparticles on TiO_2 by FDTD simulations. Catalysts，2018，8（6）：236.

[85]Holm V R，Greve M M，Holst B. A theoretical investigation of the optical properties of metal nanoparticles in water for photo thermal conversion enhancement. Energy Conversion and Management，2017，149：536-542.

[86] Chen M，He Y，Ye Q，et al. Shape-dependent solar thermal conversion properties of plasmonic Au nanoparticles under different light filter conditions. Solar Energy，2019，182：340-347.

[87] Wang X，Wang Y，Yang X，et al. Numerical simulation on the LSPR-effective core-shell copper/graphene nanofluids. Solar Energy，2019，181：439-451.

[88] Zakharko Y，Nychyporuk T，Bonacina L，et al. Plasmon-enhanced nonlinear optical properties of SiC nanoparticles. Nanotechnology，2013，24（5）：055703.

[89] Fredriksson H，Pakizeh T，Käll M，et al. Resonant optical absorption in graphite nanostructures. Journal of Optics A：Pure and Applied Optics，2009，11（11）：114022.

[90] Rahman M M，Younes H，Ni G，et al. Plasmonic nanofluids enhanced solar thermal transfer liquid. In AIP Conference Proceedings，2017，1850：110013.

[91] Liu X，Xuan Y. Full-spectrum volumetric solar thermal conversion via photonic nanofluids. Nanoscale，2017，9（39）：14854-14860.

[92] Zeng J，Xuan Y. Tunable full-spectrum photo-thermal conversion features of magnetic-plasmonic Fe_3O_4/TiN nanofluid. Nano. Energy.，2018，51：754-763.

[93] Liu J，Ye Z，Zhang L，et al. A combined numerical and experimental study on graphene/ionic liquid nanofluid based direct absorption solar collector. Solar Energy Materials and Solar Cells，2015，136：177-186.

[94] Sun Y，Evans J，Ding F，et al. Bendable，ultra-black absorber based on a graphite nanocone nanowire composite structure. Optics Express，2015，23（15）：20115-20123.

[95] Ishii S，Sugavaneshwar R P，Nagao T. Titanium nitride nanoparticles as plasmonic solar heat transducers. Journal of Physical Chemistry C，2016，120（4）：2343-2348.

[96] Khullar V，Tyagi H，Hordy N，et al. Harvesting solar thermal energy through nanofluid-based volumetric absorption systems. International Journal of Heat and Mass Transfer，2014，77：377-384.

第 2 章　圆柱绕流分离和尾迹涡街的分析

作为流固作用的经典问题，虽然圆柱的几何形状非常简单，却能够发生复杂的流动现象。该现象不仅涉及流动的非定常分离、旋涡的生成与脱落、旋涡间的相互作用、黏性区和无黏区之间的相互作用等，还包括近尾迹的绝对不稳定性，集中涡的稳定性及尾迹流、自由剪切层和边界层向湍流的转捩等很多重要流动机理问题。尤其是超过临界雷诺数后，流动由对称变成不对称，以及在很高雷诺数下流动为有规律的湍流涡街，这两个非常有趣的现象，成为很多研究者更热衷解决的问题。

工程上，由于大量的结构，如高层建筑、大跨度桥梁、冷却塔、海洋钻井平台以及架空电缆、海底管道等都是钝体，其近尾迹的旋涡交错脱落，会诱发作用在物体上的非定常载荷，引起结构振动、噪声等问题，有时会造成严重的后果。1904 年美国塔科马吊桥的断裂和 1965 年英国渡桥发电站中三个冷却塔的倒塌就是典型的例子，因此研究圆柱绕流具有重要的实用意义。另外，机翼、机身、气轮机叶片等在一定条件下，尾迹会变成类似卡门涡街的结构，所以研究圆柱绕流对这类问题也具有启发意义。

因此无论从理论上，还是从实际工程应用的需要上，圆柱绕流的研究都具有重要的意义。

2.1　卡门涡街的形状稳定性

圆柱绕流是流体力学研究中的经典问题之一，由于其中包含了复杂的流动现象，其机理至今没有完全查明，也没有成熟的理论模型，比如还没有理论可以预测有多大比例的能量和拟涡能传入涡系[1]。它的典型特征是随着 Re 的变化，流动呈现不同的状态。在很小 Re 下，流动定常，圆柱后有一对尾涡，随着 Re 的增加，尾迹出现振荡，继续增加 Re，近尾迹中涡交替脱落，进入下游尾迹，形成能持续较长一段距离的稳定涡列，即卡门涡街。

冯・卡门[2]分析了卡门涡街形状的稳定性问题，建立了涡街结构和物体所受阻力之间的理论联系。他证明了两排符号相反的点涡系不论平行排列还是交错排列，都是不稳定的，除了一种情况，即两列涡旋的间隔与同一列中相邻两涡的距离之比为 0.281。该结果与实际的涡街参数在量级上是符合的，但实际中显然不会只是这一个比值。后来的研究，有的考虑了有限涡核的影响，将点涡换成黏性 Oseen 涡来分析[3]，还有的考虑了三维不稳定性的影响[4]，但主要还是对单纯点涡进行修正的结果。Ahlborn 等[5]则通过质量、动量守恒和能量关系，建立了斯特劳哈尔数（St）（$St = nD/U$，n 是涡脱落频率，D 是圆柱直径，U 是来流速度）、Re、阻力系数以及尾迹几何参数之间的关系，但是不能解释为什么某种形状的排列是合理的。

在圆柱绕流的卡门涡街中，单个涡对于来流有相对速度，以该速度观察，其周围的流线更类似无旋理论中有环量的圆柱绕流，而且实际涡核以外的涡量很小，可以近似为无旋。因此，本节在势流解的基础上，运用扰动理论来分析涡街形状的稳定性问题。

2.1.1　基于势流解的理论分析

按质点有旋无旋来区分流动会给分析实际流动带来很大的简化，圆柱绕流的重要特征之一就是流场中存在有旋区和无旋区，近似无旋的部分可用势流理论来分析。实际上，卡门涡街中的单个涡旋与点涡是有一定差别的，以单个涡旋运动的速度来观察，涡街内的流线形状更接近于有环量的圆柱绕流，其中鞍点和中心点对应存在，需满足的条件是环量 $\Gamma > 4\pi R V_\infty$（典型地，$\Gamma \approx 0.8\pi U_0 D$），这里 D 为圆柱直径，R 为涡核半径，V_∞ 为涡相对速度，U_0 为均匀流速，$4\pi R V_\infty \approx 4\pi(0.15)U_0 D = 0.6\pi U_0 D$，前者大于后者。由后面详细的实验和数值数据表明，该条件一般来说总是成立的。此时，涡核以外的部分涡量很小，近似无旋，可以用势流理论加以分析。下面以此为基础，对卡门涡街形状的稳定性进行了初步的分析。

圆柱有环量绕流的复位势分为三部分，即

$$w(z) = V_\infty z + \frac{M}{2\pi}\frac{1}{z} - \frac{\Gamma}{2\pi \mathrm{i}}\ln z \tag{2.1}$$

其中 M 为偶极子矩，Γ 为环量。对于整个涡街，V_∞ 为相对速度，而式中后两项对应涡附近的局部流动。以下的分析与 Lamb[6]的思路类似。

考虑交错涡列，即卡门涡街的情况，见图 2.1。

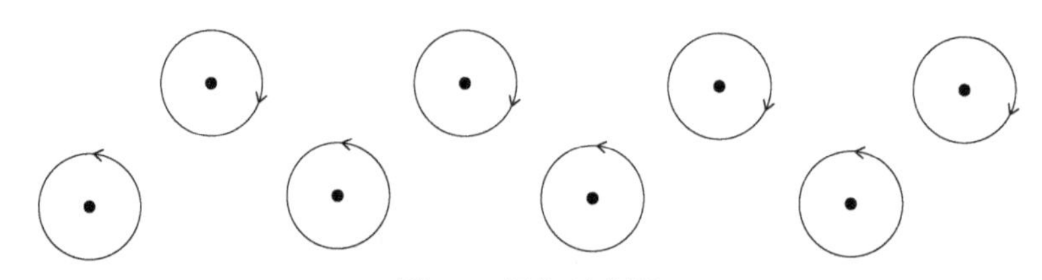

图 2.1　涡街示意图

设上下两列涡中各涡旋的位置分别为$\left\{ma+x_m,\ \frac{1}{2}b+y_m\right\}$和$\left\{n'a+x'_n,\ -\frac{1}{2}b+y'_n\right\}$，其中 a 是同一列涡中相邻两个涡旋的水平距离，b 是两列涡的垂直距离，x_m,y_m 和 x'_n,y'_n 为两列涡的扰动坐标，$n'=n+\frac{1}{2}$，m，n=…，−3，−2，−1，0，1，−2，−3，…。

对于单个涡旋，环量部分引起的速度分量为$u=\frac{\Gamma}{2\pi}\frac{(-y)}{r^2}$，$v=\frac{\Gamma}{2\pi}\frac{x}{r^2}$，偶极子部分引起的速度分量为$u=\frac{M}{2\pi}\frac{(-x^2+y^2)}{r^4}$，$v=\frac{M}{2\pi}\frac{2xy}{r^4}$。对上列涡中的一个涡旋（不失一般性，这里取 m=0 对应的部分为例），由与该涡同列的第 m 个涡旋引起的速度分量为

$$u=\frac{\Gamma}{2\pi}\frac{(-y)}{r_m^2}+\frac{M}{2\pi}\frac{(-x^2+y^2)}{r_m^4}$$

$$v=\frac{\Gamma}{2\pi}\frac{x}{r_m^2}+\frac{M}{2\pi}\frac{2xy}{r_m^4}$$

其中$x=x_0-x_m-ma$，$y=y_0-y_m$，$r_m^2=x^2-y^2$。

由于下列涡中第 n 个涡旋引起的速度分量为

$$u=\frac{\Gamma}{2\pi}\frac{y'}{r_n^2}+\frac{M}{2\pi}\frac{(-x'^2+y'^2)}{r_n^4}$$

$$v=\frac{\Gamma}{2\pi}\frac{(-x')}{r_n^2}+\frac{M}{2\pi}\frac{2x'y'}{r_n^4}$$

其中$x'=x_0-x'_n-n'a$，$y'=y_0-y'_n+b$，$r_n^2=x'^2-y'^2$。

涡街具有整体速度，但由点涡部分和偶极子部分叠加引起的整体前进速度与位置变化引起的速度扰动无关。所以经过计算，只保留与扰动有关的项中的一阶项，得

$$\begin{aligned}\frac{\mathrm{d}x_0}{\mathrm{d}t}=&-\frac{\Gamma}{2\pi}\sum_m\frac{y_0-y_m}{m^2a^2}+\frac{M}{2\pi a^3}\sum_m\frac{2}{m^3}(x_0-x_m)+\frac{\Gamma}{2\pi}\sum_n\frac{n'^2a^2-b^2}{(n'^2a^2+b^2)^2}(y_0-y'_n)\\&+\frac{\Gamma}{2\pi}\sum_n\frac{2n'ab}{(n'^2a^2+b^2)^2}(x_0-x'_n)+\frac{M}{2\pi}\sum_n\frac{(3b^2-n'^2a^2)(2n'a)}{(n'^2a^2+b^2)^3}(x^0-x'_n)\\&+\frac{M}{2\pi}\sum_n\frac{(3n'^2a^2-b^2)(2b)}{(n'^2a^2+b^2)^3}(y_0-y'_n)\end{aligned}\tag{2.2}$$

$$\frac{\mathrm{d}y_0}{\mathrm{d}t}=-\frac{\Gamma}{2\pi}\sum_m\frac{x_0-x_m}{m^2a^2}+\frac{M}{2\pi a^3}\sum_m\frac{2}{m^3}(y_0-y_m)+\frac{\Gamma}{2\pi}\sum_n\frac{n'^2a^2-b^2}{(n'^2a^2+b^2)^2}(x_0-x_n')$$
$$-\frac{\Gamma}{2\pi}\sum_n\frac{2n'ab}{(n'^2a^2+b^2)^2}(y_0-y_n')+\frac{M}{2\pi}\sum_n\frac{(n'^2a^2-3b^2)(2n'a)}{(n'^2a^2+b^2)^3}(y^0-y_n')$$
$$+\frac{M}{2\pi}\sum_n\frac{(3n'^2a^2-b^2)(2b)}{(n'^2a^2+b^2)^3}(x_0-x_n') \tag{2.3}$$

以上求和中不包括 m=0 项。令

$$\begin{cases}x_m=\alpha\mathrm{e}^{\mathrm{i}m\phi}, & y_m=\beta\mathrm{e}^{\mathrm{i}m\phi}\\ x_n'=\alpha'\mathrm{e}^{\mathrm{i}n\phi}, & y_n'=\beta'\mathrm{e}^{\mathrm{i}n\phi}\end{cases},\quad 0<\phi<2\pi$$

代入上式，由级数展开式

$$\frac{1}{1^2}+\frac{1}{2^2}+\frac{1}{3^2}+\cdots=\frac{\pi^2}{6}$$

$$\frac{1-\cos\phi}{1^2}+\frac{1-\cos 2\phi}{2^2}+\frac{1-\cos 3\phi}{3^2}+\cdots=\frac{\phi(2\pi-\phi)}{4}$$

$$\frac{\cos\frac{1}{2}\phi}{\left(\frac{1}{2}\right)^2+k^2}+\frac{\cos\frac{3}{2}\phi}{\left(\frac{3}{2}\right)^2+k^2}+\frac{\cos\frac{5}{2}\phi}{\left(\frac{5}{2}\right)^2+k^2}+\cdots=\frac{\pi\sinh(\pi-\phi)}{2k\cosh k\pi}$$

以及

$$\sum_n\frac{n'^2-k^2}{(n'^2+k^2)^2}=\frac{\pi^2}{\cosh^2 k\pi}$$

$$\sum_n\frac{2n'k\mathrm{e}^{\mathrm{i}n'\phi}}{(n'^2+k^2)^2}=\mathrm{i}\left(\frac{\pi\phi\sinh k(\pi-\phi)}{\cosh k\pi}+\frac{\pi^2\sinh k\phi}{\cosh^2 k\pi}\right)$$

$$\sum_n\frac{(n'^2-k^2)\mathrm{e}^{\mathrm{i}n'\phi}}{(n'^2+k^2)^2}=\frac{\pi^2\cosh k\phi}{\cosh^2 k\pi}-\frac{\pi\phi\cosh k(\pi-\phi)}{\cosh k\pi}$$

$$\sum_n\frac{(3n'^2-k^2)(2k)}{(n'^2+k^2)^3}=\frac{2\pi^3\sinh k\pi}{\cosh^3 k\pi}$$

$$\sum_n\frac{(3n'^2-k^2)(2k)\mathrm{e}^{\mathrm{i}n'\phi}}{(n'^2+k^2)^3}=\frac{2\pi^2\phi\sinh k\phi}{\cosh^2 k\pi}-\frac{2\pi^3\cosh k\phi\sinh k\pi}{\cosh^3 k\pi}+\frac{\pi\phi^2\sin k(\pi-\phi)}{\cosh k\pi}$$

$$\sum_n\frac{(3n'^2-k^2)n'\mathrm{e}^{\mathrm{i}n'\phi}}{(n'^2+k^2)^3}=\mathrm{i}\left(\frac{\pi^2\phi\cosh k\phi}{\cosh^2 k\pi}-\frac{\pi^3\sinh k\pi\sinh k\phi}{\cosh^3 k\pi}-\frac{\pi\phi^2\cosh k(\pi-\phi)}{2\cosh k\pi}\right)$$

$$\sum_m\frac{\sin m\phi}{m^3}=\mathrm{i}\cdot\frac{1}{6}\phi(\phi-\pi)(\phi-2\pi)$$

代入上式，经过一系列级数求和运算，得

$$\begin{cases} \dfrac{\mathrm{d}\alpha}{\mathrm{d}t} = -A\beta - B\alpha' - C\beta' + D\alpha \\ \dfrac{\mathrm{d}\beta}{\mathrm{d}t} = -A\alpha - C\alpha' + B\beta' + D\beta \end{cases} \tag{2.4}$$

其中各系数的表达式如下

$$A = \frac{\Gamma}{2\pi a^2}\left(\frac{1}{2}\phi(2\pi-\phi) - \frac{\pi^2}{\cosh^2 k\pi}\right) - \frac{M}{2\pi a^2}\left(\frac{1}{a}\right)\frac{2\pi^3\sinh k\pi}{\cosh^3 k\pi}$$

$$B = \mathrm{i}\cdot\frac{\Gamma}{2\pi a^2}\left(\frac{\pi\phi\sinh k(\pi-\phi)}{\cosh k\pi} + \frac{\pi^2\sinh k\phi}{\cosh^2 k\pi}\right)$$
$$-\mathrm{i}\cdot\frac{M}{2\pi a^2}\frac{2}{a}\left(\frac{\pi^2\phi\cosh k\phi}{\cosh^2 k\pi} - \frac{\pi^3\sinh k\pi\sinh k\phi}{\cosh^3 k\pi} - \frac{\pi\phi^2\cosh k(\pi-\phi)}{2\cosh k\pi}\right)$$

$$C = \frac{\Gamma}{2\pi a^2}\left(\frac{\pi^2\cosh k\phi}{\cosh^2 k\pi} - \frac{\pi\phi\cosh k(\pi-\phi)}{\cosh k\pi}\right)$$
$$-\frac{M}{2\pi a^2}\frac{1}{a}\left(\frac{2\pi^2\phi\sinh k\phi}{\cosh^2 k\pi} - \frac{2\pi^3\cosh k\phi\sinh k\pi}{\cosh^3 k\pi} + \frac{\pi\phi^2\sinh k(\pi-\phi)}{\cosh k\pi}\right)$$

$$D = \mathrm{i}\cdot\frac{M}{2\pi a^3}\frac{1}{3}\phi(\phi-\pi)(\phi-2\pi)$$

当 $\phi = 0, \pi, 2\pi$，$D = 0$。$\phi = \frac{2}{3}\pi, \frac{4}{3}\pi$，为 D 的极值点。

若 $\alpha = \alpha'$，$\beta = -\beta'$，则

$$\begin{cases} \dfrac{\mathrm{d}\alpha}{\mathrm{d}t} = -(B-D)\alpha - (A-C)\beta \\ \dfrac{\mathrm{d}\beta}{\mathrm{d}t} = -(A+C)\alpha - (B-D)\beta \end{cases} \tag{2.5}$$

其解中包含 $\mathrm{e}^{\lambda t}$，$\lambda = -(B-D) \pm \sqrt{A^2 - C^2}$。

若 $\alpha = -\alpha'$，$\beta = \beta'$，则

$$\begin{cases} \dfrac{\mathrm{d}\alpha}{\mathrm{d}t} = (B+D)\alpha - (A+C)\beta \\ \dfrac{\mathrm{d}\beta}{\mathrm{d}t} = -(A-C)\alpha + (B+D)\beta \end{cases} \tag{2.6}$$

其解中也包含 $\mathrm{e}^{\lambda t}$，此时 $\lambda = (B+D) \pm \sqrt{A^2 - C^2}$。

对于稳定的情况，λ 应为纯虚数。由于 B 和 D 为纯虚数，A 和 C 为实数，因此必须有 $A^2 \leqslant C^2$。当 $\phi = \pi$ 时（对应于文献[6]中的分析结果），C=0，从而 A=0，

即

$$\left(\frac{1}{2}\pi^2-\frac{\pi^2}{\cosh^2 k\pi}-\frac{M}{\Gamma}\frac{2\pi^3\sinh k\pi}{a\cosh^3 k\pi}\right)\frac{\Gamma}{2\pi a^2}=0$$

或写成

$$\frac{1}{2}-\frac{2\pi M}{\Gamma a}\frac{\sinh k\pi}{\cosh^3 k\pi}=\frac{1}{\cosh^2 k\pi} \tag{2.7}$$

这是 k 必须满足的关系式。当 M=0，即略去偶极子项时，上述方程的解退化到卡门的经典值 k=0.281。

一般地，令 $\theta=\dfrac{2\pi M}{\Gamma a}$，$\omega=\mathrm{e}^{2k\pi}$，则式（2.7）成为

$$\omega^3-(8\theta+5)\omega^2+(8\theta-5)\omega+1=0 \tag{2.8}$$

由其判别式可知，该方程有一个正实根和两个负实根，正实根即为所求的解，即

$$\omega=-\frac{\alpha'}{3}+\sqrt[3]{-\frac{q}{2}+\sqrt{\left(\frac{q}{2}\right)^2+\left(\frac{p}{3}\right)^3}}+\sqrt[3]{-\frac{q}{2}-\sqrt{\left(\frac{q}{2}\right)^2+\left(\frac{p}{3}\right)^3}} \tag{2.9}$$

$$p=-\frac{a'^2}{3}+b',\ q=\frac{2}{27}a'^3-\frac{a'b'}{3}+c'$$

其中

$$a'=-(8\theta+5),\ b'=8\theta-5,\ c'=1$$

从而 $k=\dfrac{1}{2\pi}\ln\omega$。这样给定一 θ，就得到一对应的 k 值。

2.1.2 涡街稳定性无量纲参数的估计

由 2.1.1 节可以看出参数 θ 影响着涡街形状的稳定性。下面结合实际流动情况对 θ 的大小进行分析。

偶极子矩 $M=2\pi V_\infty R^2$，其中 R 类比于 Oseen 涡核半径，取值为涡心到最大周向速度处距离的平均值。涡的环量 $\Gamma=O(\pi U_0 D)$，U_0 为实际中产生涡街的均匀来流速度，涡相对速度就是 $V_\infty\leqslant 0.23U_0$ [7]，而 $D\bullet a=O(R^2)$。记涡速度 $U_V=U_0-V_\infty$，无量纲化 $C_V=\dfrac{U_V}{U_0}$，有 $\dfrac{R^2}{D^2}=\dfrac{5.04vt}{D^2}=\dfrac{5.04vx}{U_V D^2}=\dfrac{5.04}{C_V Re}\dfrac{x}{D}$ [3]，其中 $\dfrac{x}{D}$ 为稳定状态的无量纲距离，即固定 Re 时它是一定的，Re 在 1000 以内，当 Re＜260 时涡形成区长度随 Re 的增加而减小，而当 Re＞260 后随着 Re 的增加而增加[4]，所以 $\dfrac{x}{D}$ 也是这样变化的。而 $\dfrac{a}{D}=\dfrac{U_V}{fD}=\dfrac{C_V}{St}=\dfrac{C_V Re}{0.212Re-4.5}$ [3]，$\dfrac{\Gamma}{\pi U_0 D}$ 在 Re=102 达

最大，为 1.11[8]。从而 $\theta=\dfrac{1-C_V}{C_V^2}\dfrac{42.18Re-895.37}{Re^2}\dfrac{x}{D}\dfrac{\pi U_0 D}{\Gamma}$ 。

对应 $Re<1000$ 的范围内，θ 大致取值 0.05～0.70。从该 θ 表达式中可以看出，其中第二项随 Re 增加而减小，但第一项涡相对速度、第四项环量随 Re 的关系不确定，而且第三项稳定位置有随 Re 的增加先减后增的过程，这样 θ 与 Re 的关系不是单调的，因此也不能简单断定 k 与 Re 的关系。

2.1.3　实验和数值验证

这里选取 Ahlborn 的实验数据[5]对比（注：该文中的 a，b 表示本节中 a，b 的一半）。实验 Re=62，涡环量 $\Gamma=2\pi U_0 D/2.565$，流向相邻涡距 $a/D=2\times3.299=6.598$，涡速度 $U_V/U_0=0.92$，相对速度 $V_\infty/U_0=0.08$，涡核半径取涡街稳定阶段的两点 $R/D=1.01$ 和 1.31，环量基本不变，代入 θ 表达式得 θ=0.199 和 0.335，从而 k=0.311 和 0.330，这与对应实验中给出的 0.30 和 0.31 符合得较好。由于另外两个 Re 对应数据不足，且对应转变较剧烈区，故未加比较。

下面采用第 1 章所介绍的 CBS 有限元法对不同 Re 下的圆柱绕流卡门涡街进行数值模拟。这里对不同 Re 选取下游不同位置 x 来分析，相应的各种参数见表 2.1，其中的数据都是无量纲的结果，从该表也可以看出，这些参数都是满足前提条件 $\Gamma>4\pi RV_\infty$ 的。

表 2.1　数值模拟的数据

Re	x	a	V_∞	Γ	R	θ	k	$4\pi RV_\infty$
50	17	6.925	0.131	2.571	1.548	0.696	0.354	2.548
60	15	6.015	0.112	2.686	1.414	0.521	0.359	1.990
70	13	5.765	0.101	2.978	1.368	0.418	0.318	1.736
80	13	5.508	0.108	3.063	1.253	0.393	0.346	1.701
90	13	5.542	0.094	3.347	1.154	0.262	0.333	1.363
100	12	5.293	0.102	3.523	0.888	0.165	0.337	1.138
150	11	4.607	0.095	2.969	0.794	0.168	0.332	0.948
200	11	4.408	0.098	3.123	0.747	0.155	0.317	0.920
250	9	4.121	0.089	3.288	0.643	0.106	0.315	0.719
350	9	4.013	0.066	3.194	0.517	0.052	0.309	0.429
500	9	3.702	0.065	3.218	0.482	0.048	0.272	0.394

综合本节的理论分析与实验数据以及数值模拟的结果，得 θ 与 k 的关系图[9]，如图 2.2 所示，其中实线代表理论值，实心圈代表数值模拟的结果，实方块对应

实验数据。

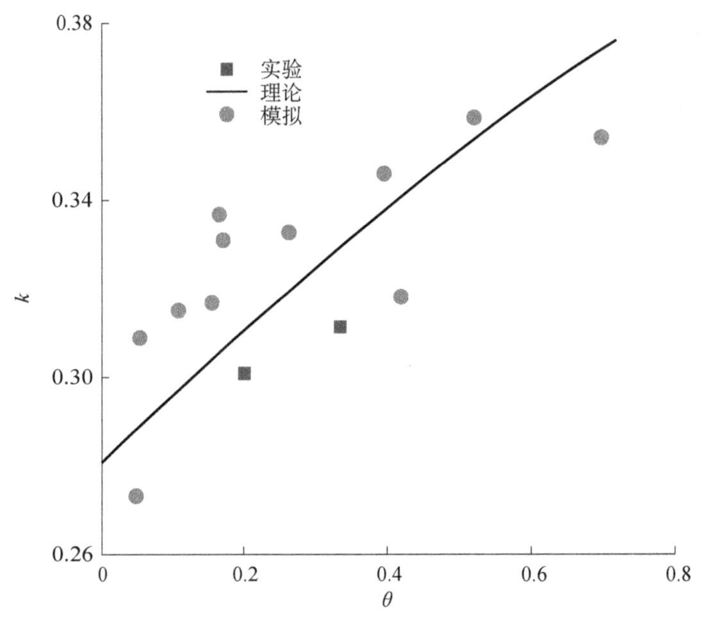

图 2.2 理论、实验和数值模拟的数据对比

由以上结果可以看出，卡门涡街形状的稳定性与涡的相对速度、实际涡核的大小、涡的环量都有关系，但与 Re 不构成单调的关系。由式（2.7）可以看出，涡位置的纵横比有一变化范围，这里的结果以卡门的经典值为最小极限，由于实际的涡心和圆柱中心有一定差别，所以这也导致这里的结果会有偏差，由图 2.2 可以看出。很多研究者测量的结果，k 在 0.2～0.4[10]，这里的结果能对应较大一部分，而且当涡向远下游移动时，Γ 逐渐减小，R 和 a 基本不变，于是 θ 增大，从而 k 也是增加的，这与实际[10]是符合的。

2.2 涡街中涡的特征分析

对于圆柱绕流尾迹问题，前人已经做了大量而细致的工作。Gerrard[11]对圆柱尾迹中涡形成的机理进行了探讨，得到旋涡脱落频率由旋涡形成区的尺寸和自由剪切层扩散的尺寸这两个特征长度决定的结论。Perry 等[12]通过实验细致地考察了涡脱落的流动过程。Braza 等[13]运用数值模拟分析了圆柱近尾迹压力场、速度场的特征及其相互作用，并解释了二次涡与主涡之间的作用关系。Williamson[4]

集中总结了尾迹的各种三维特征，并分析了远场尾迹中波的相互作用。Ren 等[14]对圆柱绕流中的流动图案给出定性的描述。而关于绕流中一些参数的定量测定及其随 *Re* 变化的关系，Norberg[15]总结了部分数据，主要关注了不易准确测量的升力波动。Sheard 等[16]把圆柱作为一个极端形状，系统地研究了阻力系数随 *Re* 的变化关系。理论上，Kotamada 等[17]分析了小 *Re* 下二维柱体的绕流情况。Ahlborn 等[18]则通过质量、动量守恒和能量关系，建立了 St（$St=nD/U$，n 是涡脱落频率，D 是圆柱直径，U 是来流速度）、*Re*、阻力系数以及尾迹几何参数之间的关系，但是其结果是基于轴对称的 Rankine 涡假设。

实际上，尾迹中的涡显然不是轴对称的，本节主要关注的就是涡街中单个涡偏离轴对称的变形情况。本节由数值模拟，得到低 *Re* 圆柱绕流的流动图案，分析展向大涡的特征。

2.2.1　涡量等值线的几个主要特征

如图 2.3 所示，在很小 *Re* 下，圆柱紧后缘回流区存在定常的附着涡对，其附近涡量等值线与压力等值线相互垂直，它们与流线很不相同。图 2.4 则给出了过分离点的零涡线、零速度分量线和分离流线，这里给出的是中心线下半部分的分布，上半部分与其对称，由该图可以看出，分离点附近的三条曲线近似满足如下关系[19]，即零涡线斜率是分离流线斜率的 1/3，零速度分量线斜率是分离流线斜率的 2/3，并且三条线为相似曲线。

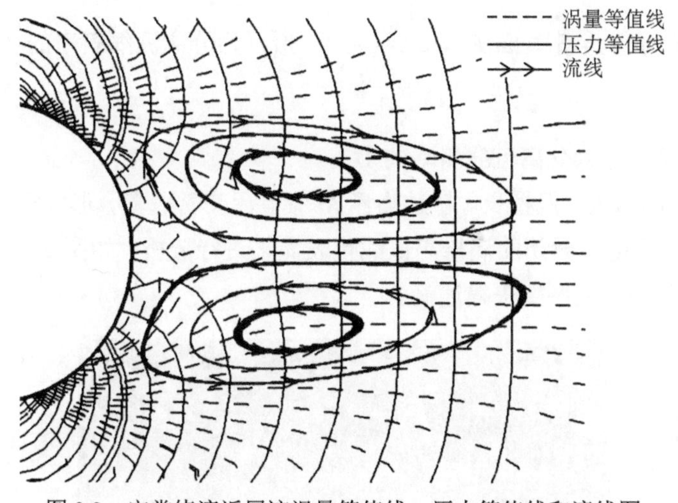

图 2.3　定常绕流近尾迹涡量等值线、压力等值线和流线图

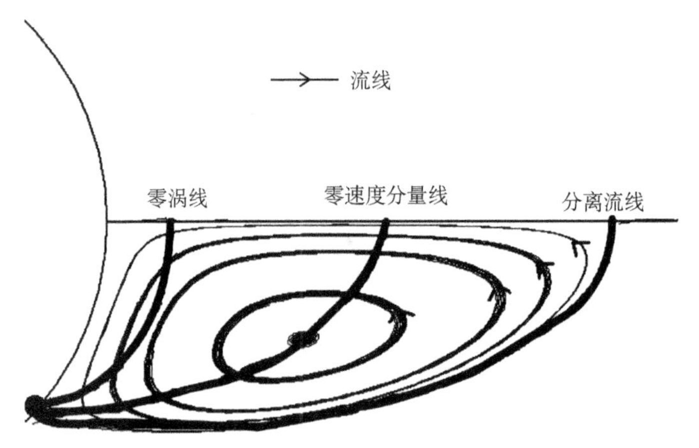

图 2.4　定常绕流中过分离点的零涡线、零速度分量线和分离流线

对于实际黏性流动在分离点附近的性状，可以采用边界层坐标系 x，z 进行分析[19]，其中 x 轴沿着物面，z 轴垂直于物面。取分离点为坐标原点，设 u，w 分别为 x，z 方向的速度分量，则流线的方程是 $\frac{\mathrm{d}z}{\mathrm{d}x}=\frac{w}{u}$。经过基于泰勒级数展开的一些推导，可以得到分离流线的斜率是 $\tan\theta_0=3\frac{\left(\frac{\partial^2 w}{\partial z^2}\right)_0}{\left(\frac{\partial^2 u}{\partial z^2}\right)_0}$。实际上，一条零 u 分量线与物面相重合，这是自然成立的，因为物面条件 $u=0$；另一条零 u 分量线与物面倾斜，分析可得其斜率 $\tan\theta_u=2\frac{\left(\frac{\partial^2 w}{\partial z^2}\right)_0}{\left(\frac{\partial^2 u}{\partial z^2}\right)_0}$，恰好为分离流线斜率的 2/3。类似地，零涡线的斜率恰好为分离流线斜率的 1/3。

随着 Re 的增大，涡拉长。超过临界 Re 后，涡交替脱落，形成涡街，如图 2.5 所示。这里取涡街中封闭的涡量等值线代表涡来进行分析，如图 2.6 所示。此时，主要有以下几个特征参数来描述涡。

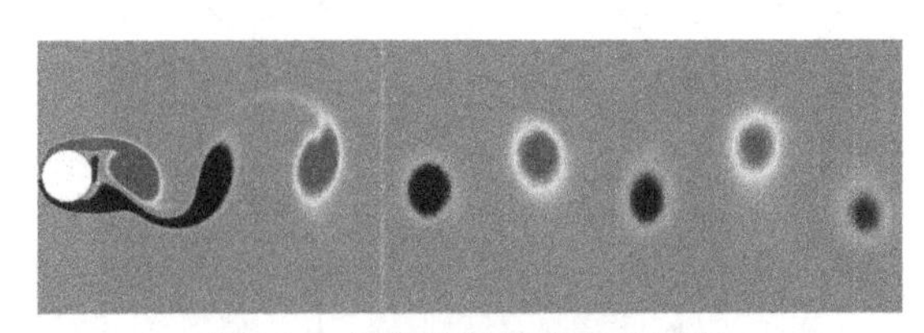

图 2.5　涡交替脱落形成的涡街

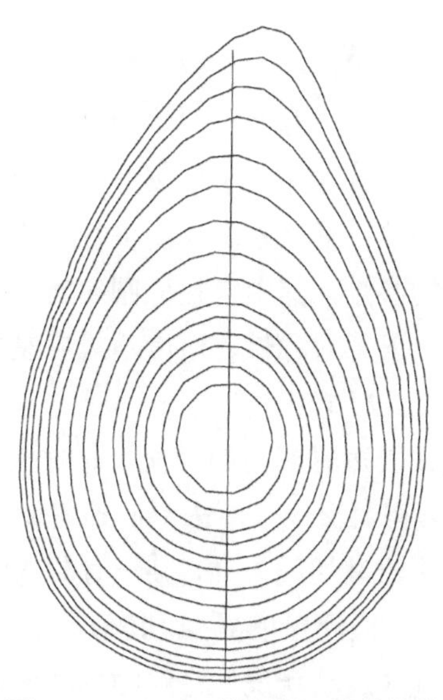

图 2.6　*Re*＝160 某位置涡量等值线

（1）主方向：取涡量等值线（内部主要是凸闭曲线）上距离最大的两顶点（曲率极值点）的连线方向。不同等值线，这一连线的斜率也不同，这里取各等值线的连线的平均斜率方向作为主方向。对于简化的椭圆形状，这一方向对应长轴的方向。在所计算的 *Re* 范围内，该方向在计算域内，若从涡形成算起，最大经历一 90° 的变化过程，若从紧后缘处算起到很远的下游，则经历一不到 180° 的变化过程。

关于主方向变化的原因，Shuknman[20]认为涡街中两涡之间的射流把流体向外推，直到碰到大范围的主流，横向射流与主流的碰撞引起射流前端卷起形成涡对，它们的相互冲击作用也使射流方向相应旋转，从而认为主方向也随之变化。事实上，最初形成的涡靠外部分有头尾，而不是简单的凸闭曲线，相临涡之间的通道流（因该部分流动的动量是变化的，而流量是守恒的，所以这里命名为通道流）对头尾的冲击，加速涡的转动，后来头尾消失了，只有很小影响的黏性引起主方向的转动，所以主方向变化缓慢。当然涡内部各层主方向稍有差别时，上面分析的主方向代表各层平均方向。

（2）涡心：这里将涡量最大值的位置视作整体的涡心。涡心与压心开始有一定距离，压心较涡心更靠近尾迹中线，随着向下游的发展两心逐渐靠近。若把运动参考坐标系放在涡心上观察，这也是一个非定常的过程，即涡量等值线相对压力等值线在不断变化。这是由于随着向下游发展，涡心处的黏性力逐渐减小，进而由表达式[19]

$$\begin{cases} X_v - X_p = \tau_v f_1((\nabla p)_p) \\ Y_v - Y_p = \tau_v f_2((\nabla p)_p) \end{cases} \tag{2.10}$$

可以得到两心是相互靠近的，式中下标 p 和 v 分别代表压心和涡心。

（3）涡量等值线形状参数：可以通过变换将各涡量等值线变换成一条标准曲线，变换中包含三个独立的参数，其中包括椭圆率对应涡的伸缩变形（主轴相对变化）程度，偏心率对应上下不对称性，弯度角对应左右不对称性。详细的参数定义及具体定量化分析见 2.2.2 节。

下面分析涡量等值线在较短时间内的变化，此时压力等值线变化非常小。如图 2.7 所示，涡量等值线与相对流线（减去涡心速度）非常接近，即涡量等值线上各点相对涡心的速度几乎沿其切线方向。某一时刻的涡量等值线上的各点在下一时刻仍形成一涡量等值线，但涡量值减少，其形状发生变化。但从长时间来看，由于该线上各点的受力情况（运动状况）与线的形状的变化不具有一致性，所以原来各点不再形成一条等值线。涡量等值线上各点有朝着与该点有相同压力等值线的方向运动的趋势，而在其绕涡心运动一周的时间内经历加速减速的过程。

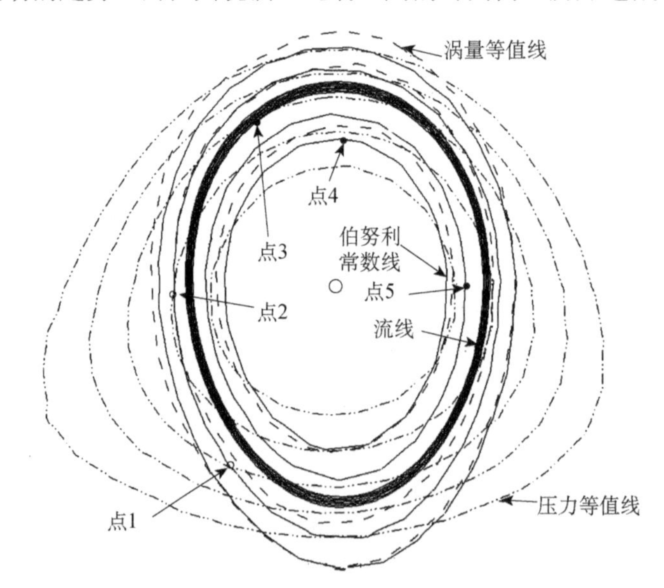

图 2.7　几条等值线的比较

利用 Crocco 方程

$$\frac{\partial V}{\partial t} = -\nabla\left(p/\rho + \frac{1}{2}V^2\right) + V \times \omega - \gamma\nabla \times \omega \tag{2.11}$$

可以用空间点的观点来分析涡量等值线的变化。选取图 2.7 进行分析。相应数据见表 2.2，表中的数据都是无量纲的结果。通过选取图 2.7 中五个点来看，Crocco 方程右端第一项与第二项大小稍有不同，方向相反几乎同线，与涡量等值线垂直，两者的偏差引起该点速度方向的变化，第二项较大时向外偏，第一项较大时向里偏，大致以两项相等的点为分界点，分为四个部分，这样原来涡量等值线上的各空间点不再形成涡量等值线，从而使涡量等值线的形状发生变化。第三项的大小约比前两项小一个量级以上，并且与它们的差相当，方向沿涡量等值线方向，与运动反向。

表 2.2　各点相应物理量的值

位置点	$\lvert V\times\omega\rvert$	$\lvert\nabla(p/\rho+V^2/2)\rvert$	$\lvert\gamma\nabla\times\omega\rvert$	ω
1	0.4782	0.4676	0.0108	1.076
2	0.5927	0.5839	0.0076	1.136
3	0.4784	0.4802	0.0110	1.265
4	0.5027	0.4961	0.0081	1.632
5	0.6216	0.6361	0.0154	1.426

如果从随体的方程 $\dfrac{\mathrm{d}V}{\mathrm{d}t}=-\dfrac{1}{\rho}\nabla p-\gamma\nabla\times\omega$ 来看，右端第二项引起涡量扩散，同时速度型向外扩展。方程右端第一项即压力的影响占主要部分，由于涡量等值线与压力等值线在形状上存在明显的差异，一方面使得压力梯度改变涡量等值线上各点的速度方向，并且使其不顺着原线方向行进，从而引起涡量等值线的变化。另一方面改变各点的速度大小，使其在绕涡心运动一周的时间内经历两次加速减速过程，以各压力等值线与某一涡量等值线相切的四个点作为划分加速过程与减速过程的分界点。

2.2.2　涡街中单个涡的三参数描述

从流速（相对涡心）和涡量来看，涡街中的涡近似二维 Oseen 涡。为建立起涡街中变形后的涡与轴对称涡之间的联系，这里在茹柯夫斯基剖面变换[21]基础上做了推广，即变动了该变换中的部分参数。这里给出广义的变换过程如下。

将半径为 R_0 的大圆中心放在 z_1 平面的中心。通过大圆中心 O_1 点绘一直线 O_1B，与水平方向成 α 角，如图 2.8 所示。在 O_1B 线上取一小圆中心，使小圆与大圆在 B 点相切。然后应用茹柯夫斯基变换将大圆变换到 z 平面

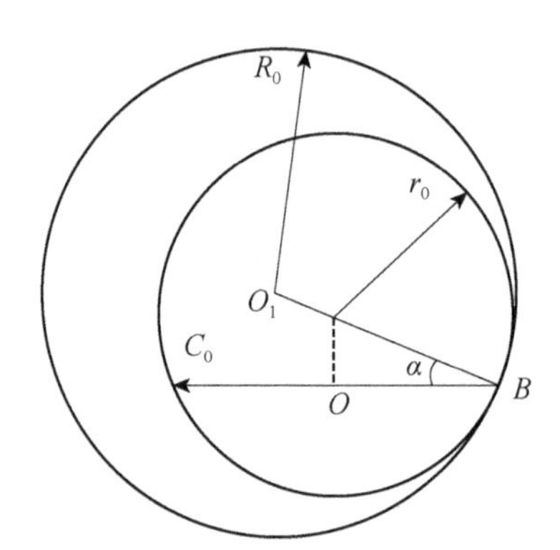

图 2.8　茹柯夫斯基变换

$$z=\frac{1}{2}\left[(z_1+q)+\frac{C_0^2}{z_1+q}\right] \tag{2.12}$$

其中 $z_1=R_0\mathrm{e}^{\mathrm{i}\theta}$ ， $q=-m\cos\alpha+\mathrm{i}(m+r_0)\sin\alpha$ ， $C_0=r_0\cos\alpha$ 。由该变换关系可得

$$x=\frac{x_3}{2}\left(1+\frac{C_0^2}{x_3^2+y_3^2}\right),\ y=\frac{y_3}{2}\left(1-\frac{C_0^2}{x_3^2+y_3^2}\right)$$

其中 $x_3=x_2-m\cos\alpha$ ， $y_3=y_2+(m+r_0)\sin\alpha$ ，$(x_2,\ y_2)$ 是半径为 R_0 的圆周上的各点，将这些点坐标代入上式，先得出 (x_3,y_3) ，然后再得出 (x,y) ，这就是变换后剖面的各点坐标。

茹柯夫斯基变换将单个涡内的各层（各条等值线）与圆线联系起来，对于此变换，可定义三个参数[22]：单个涡内各层之间参数是连续变化的，其中椭圆率 $r_1=R_0/C_0$ ， $b/a=(r_1^2-1)/(r_1^2+1)$ ，当 r_1 从 $1\to+\infty$ 时， b/a 从 $0\to1$ ；偏心率 $\varepsilon=m/(R_0-r_0)$ ，最大为 1，最小为 0；弯度角：即 α 。

图 2.9 示意了从标准圆变换成茹柯夫斯基剖面的过程，这里给出的是偏心率为 1 的极端情况。

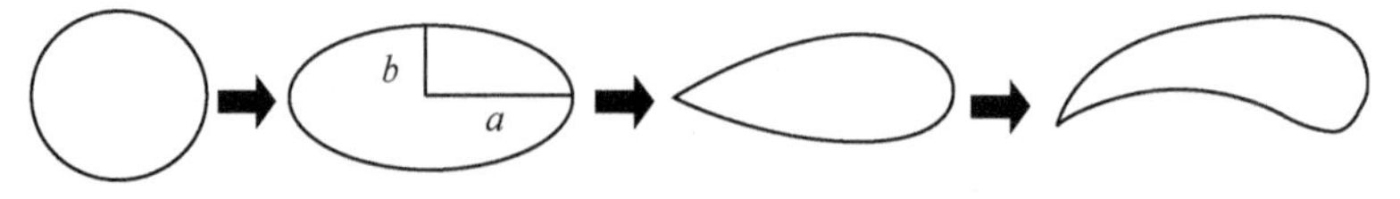

图 2.9　茹柯夫斯基剖面变换过程

图 2.10～图 2.12 给出了 *Re*=180 下，环量、速度、涡量随半径的变化图，其中的数据都是无量纲的结果，可以看出变换后的涡与 Oseen 涡分布十分接近。图中的自变量 R 是每条涡量等值线对应的半径，该半径是用茹柯夫斯基变换导出的对应值，不同于涡量等值线所围面积的平均即 $\sqrt{\frac{S}{\pi}}$ 。

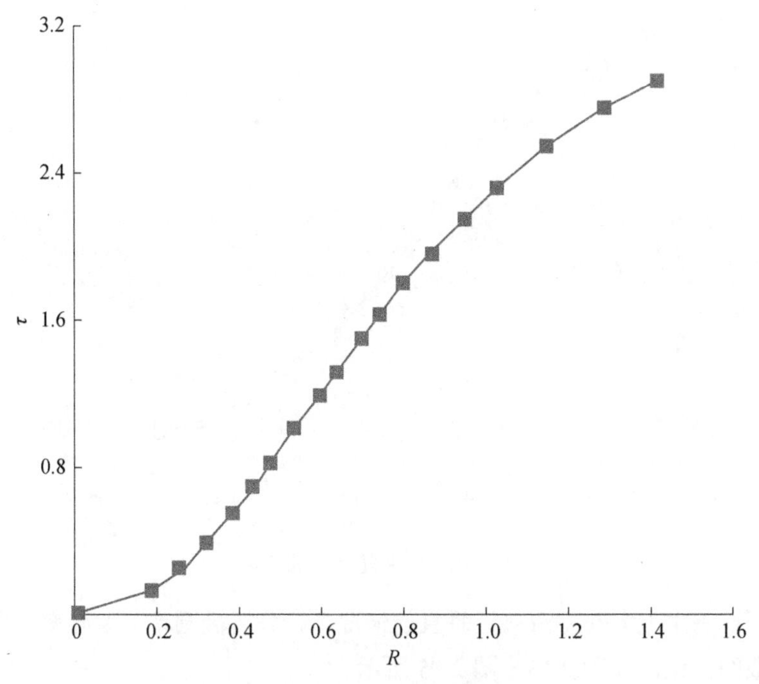

图 2.10　环量随半径的变化

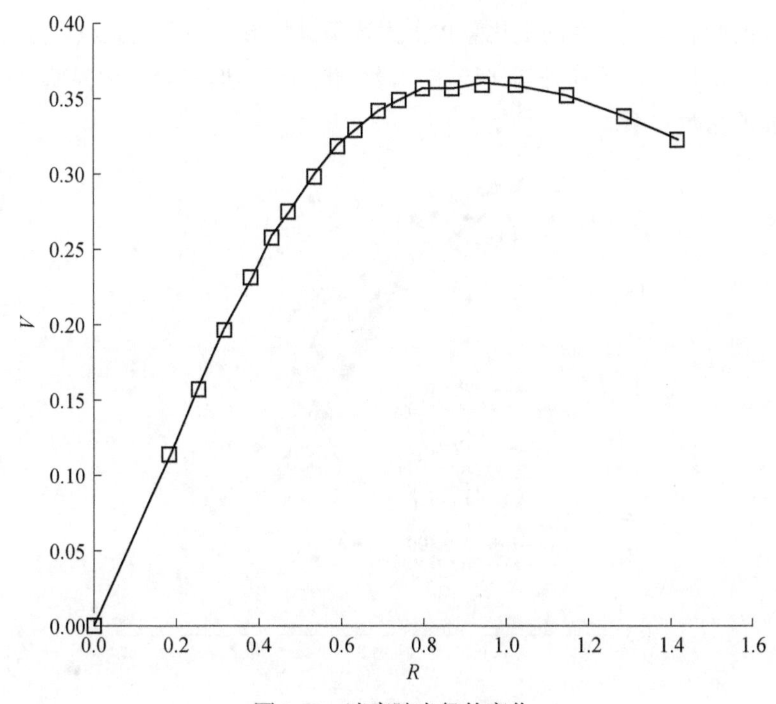

图 2.11　速度随半径的变化

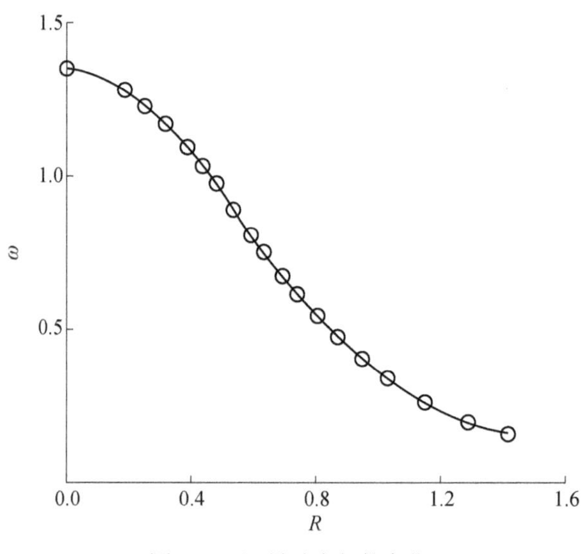

图 2.12　涡量随半径的变化

下面在涡主方向与主流接近垂直的情况下，分析椭圆率、偏心率、弯度角这三个参数的变化，如图 2.13～图 2.15 所示。

图 2.13 表示的是椭圆率的变化情况，可以看出每个涡的椭圆率由内向外逐渐变小，涡的椭圆率随半径的变化总体上大致呈抛物形，并且近似地可分为三段，随着半径的增加（由内向外）一段比一段变化剧烈，但三段的边界随 *Re* 的变化没有明显的指数关系。

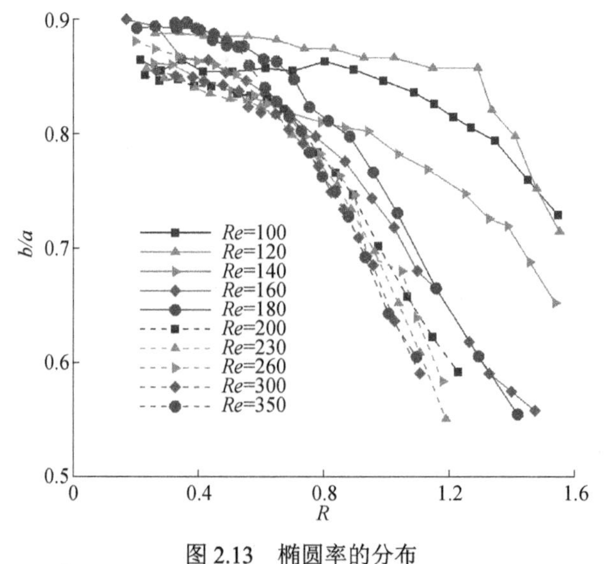

图 2.13　椭圆率的分布

图 2.14 表示的是偏心率（上下）的变化情况，由该图可以看出每个涡的偏心率由内向外随着半径的增加而逐渐增加，涡的偏心率随半径的变化总体上呈线性分布。

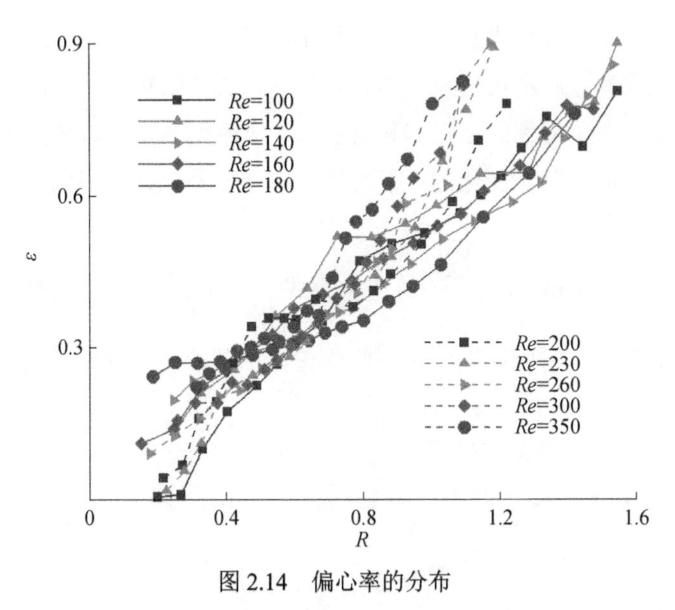

图 2.14　偏心率的分布

图 2.15 表示的是弯度角的变化情况，由该图可以看出涡内部该角在几度左右的范围内变化，涡边界稍有增加，故每个涡的左右不对称性，内外近似一致。

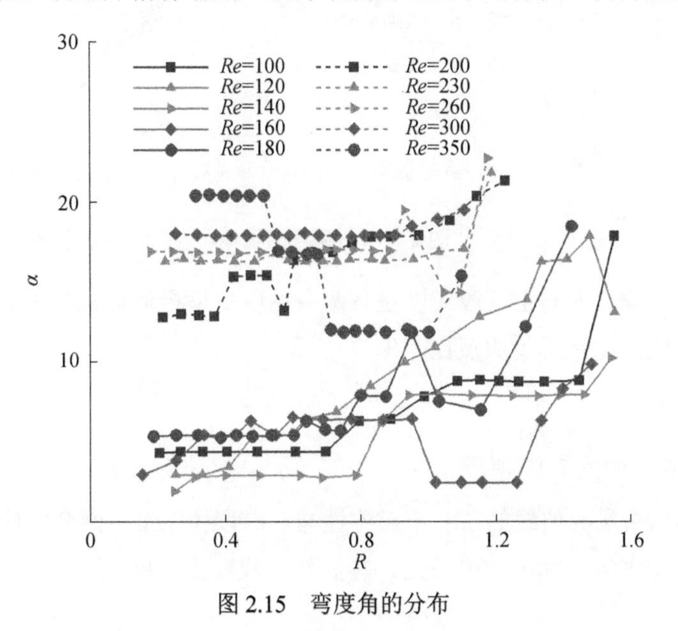

图 2.15　弯度角的分布

当 $R \to 0$ 时椭圆率和弯度趋于不变，偏心率则维持线性分布。

2.2.3 描述涡的三参数的相关物理量

变换的三个参数即代表涡相对轴对称形状的变化，而与流体元变形有关的运动学量就是应变率，涡量代表其流体旋转程度，也可以看作涡保持自身形状的惯性程度，所以下面要得到的是它们和涡量 ω、主应变率 σ 的具体关系。由于同一涡量等值线上主应变率是变化的，下面的主应变率是沿该线周向（或分段）平均的结果。

关于椭圆率，Shukhman[20]中给出关系式 $b/a=\sqrt{\dfrac{\omega-\sigma}{\omega+\sigma}}$，但该研究是在线性流的假设下得到的，所以这里要做一些修正。本节给出的椭圆率的表达式如下

$$b/a=\left(\sqrt{\frac{\omega-\sigma}{\omega+\sigma}}-(b/a)_{\max}\right)\Big/k_1+(b/a)_{\max}-C_1 \tag{2.13}$$

这里 $k_1=2.7$， $C_1=0.02$，如图 2.16 所示。

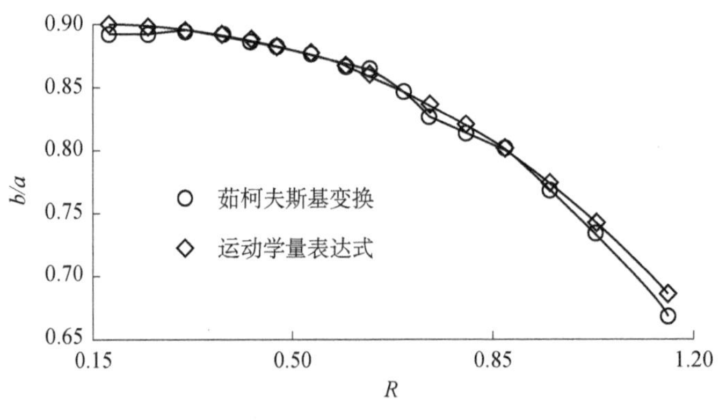

图 2.16　椭圆率对比图

偏心率：偏心率与上下段（以左右两个主应变率极值点来划分）平均主应变率的差成正比，与涡量值成反比，即

$$\varepsilon=k_2\cdot\frac{\sigma_U-\sigma_D}{\omega} \tag{2.14}$$

这里 $k_2=4.6$，如图 2.17 所示。

弯度角：涡量等值线的左右不对称性与左右段（以上下两个主应变率极值点来划分）平均主应变率的差成正比，与涡量值成反比，所以

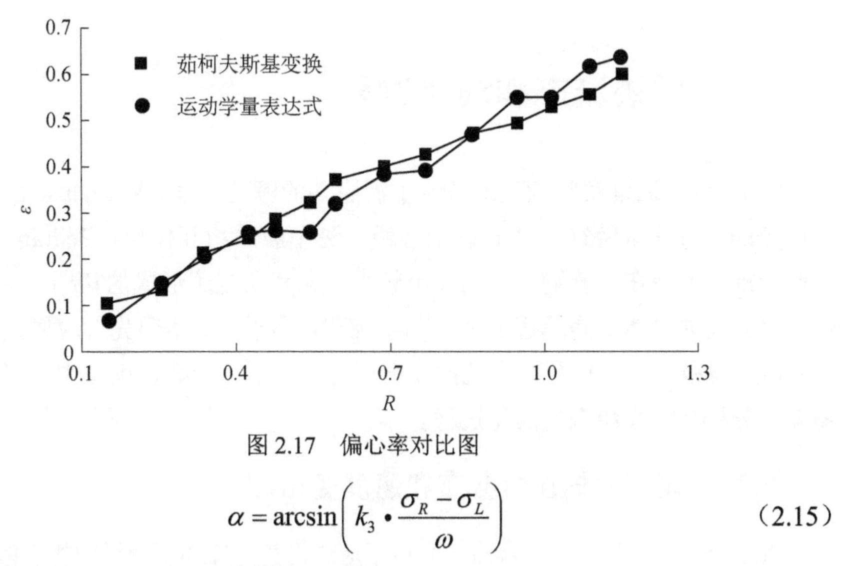

图 2.17　偏心率对比图

$$\alpha = \arcsin\left(k_3 \cdot \frac{\sigma_R - \sigma_L}{\omega}\right) \tag{2.15}$$

这里 α 取角度值，$k_3 = 7.1$，如图 2.18 所示。

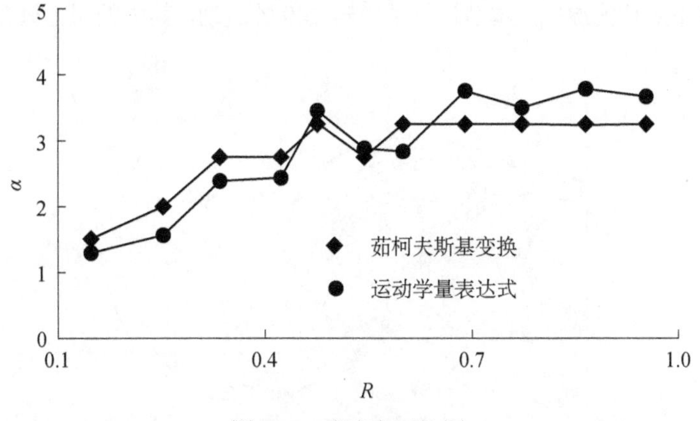

图 2.18　弯度角对比图

由上面图 2.16～图 2.18 可以看出，由涡量和主应变率构成的相应表达式与描述涡量等值线形状的变换三参数符合得很好。

由上面的分析可以看出，涡量等值线与压力等值线之间的差异造成了涡量等值线即涡的形状的变化。这里关于涡相对于轴对称的变形，用广义的茹柯夫斯基剖面变换进行定量描述，从结果中可以看出三个参数的变化情况，即椭圆率的抛物形分布，偏心率的线性分布，弯度角的近似常量分布。最后，给出了三参数各自对应的由涡量和主应变率构成的表达式，它们与变换中参数的对比还是比较符合的。

2.3 尾迹流态和演化过程

Perry 等[12]通过实验细致地考察了涡脱落的流动过程。Williamson[4]集中总结了尾迹的各种三维特征，并分析了远场尾迹中波的相互作用。Pedram 等[23]认为近似无旋的射流在涡量输运上的作用较大，尤其在尾迹形成的初期。实际上，尾迹中涡的发展显然不是理想的轴对称卷绕和扩散过程，本节先针对固定时刻的流场，后用拉格朗日观点分析尾迹的发展变化。本节基于数值模拟得到了绕流流动图案，分析其特征和涡的演化过程。

2.3.1 尾迹中的压力分布和速度变化

Braza 等[13]针对低 Re 的绕流，分析了尾迹内外速度和压力场的相互作用以及在近壁面与远离壁面处压力变化的关系，并从流动形态的角度解释了近壁面压力变化在一周期内不对称的原因。本节计算了 Re=200 的流动，其中的压力分布见图 2.19。

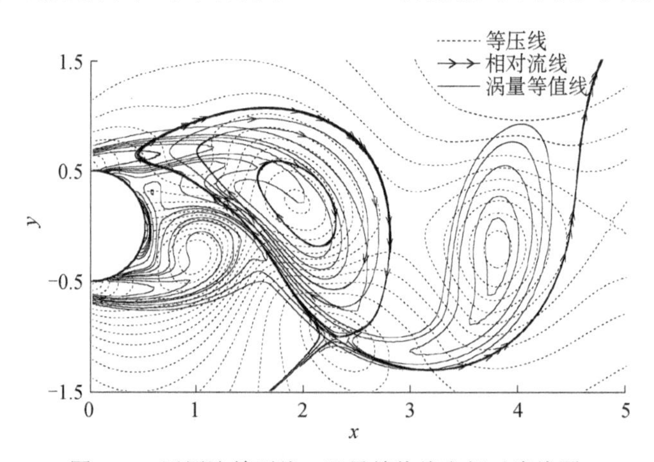

图 2.19 近尾迹等压线、涡量等值线和相对流线图

从图中可以看出，等压线与涡量等值线有较大差异，尤其在近尾迹内压力极小值的位置（低压心，极大值对应高压心）和涡量极大值的位置偏离较大，而在下游尾迹，两者的偏差较小。压力等值线在低压心和高压心处都呈中心点形态，下游的一对低压心和高压心的连线方向与主流垂直，低压心对应涡心，而高压心对应相应涡的相对流线（减去涡心速度）中的鞍点。若以涡的速度为运动参考系，低压心和高压心的速度近似为零，相邻涡中间的通道流（因该部分流动的动量是变化的，而流量是守恒的，所以这里命名为通道流），由一个高压心附近折回流

到另一侧的高压心，流动沿压力梯度的方向行进，流道先变窄再变宽，速度先增加后减小，类似直管流，而后流体向同侧的高压心运动，流线垂直压力梯度，即压力使其沿曲线运动，类似弯管流，之后流体继续折回，周期性地运动下去。整个通道流内，伯努利常数几乎不变，并与主流相差很小。近尾迹中，某一时刻如果以低压心速度为运动参照系，则高压心对应该涡周围流线的鞍点，而不是原流线的鞍点，随着流动的发展，高压心的压力迅速增加，而高压心在下游几乎不变，并且注意到高压心往往位于与圆柱相连的涡量等值线的两部分的连接处[24]，所以本节认为高压心的发展变化有利于涡的脱落。

由下游充分发展的相对流线图 2.20 也可以看出，涡街中单个涡的结构除明显的轴向不对称和上下不对称外，还存在左右不对称。下游尾迹流动的发展可以看作旋涡与通道流的相互作用，两者都包围在主流中。其中涡量主要集中在旋涡内部，其分布是中心最大，向外逐渐减小，类似 Oseen 涡分布。通道流部分近似无旋，顺着通道流量相等。图中的鞍点是由旋涡、主流、通道流的共同作用而形成的，并且它有稳定通道流转向的作用。图中的中心点则有利于旋涡的稳定。在主流的限制下，旋涡、通道流相互挤压，使得两邻涡间的通道流中间部分宽度减小，旋涡也相应地变形。涡内流线与涡量等值线几乎重合，这样就有 $(V\bullet\nabla)\omega=0$，从而 $\dfrac{\partial\omega}{\partial t}=\gamma\nabla^2\omega$。通道流内流体满足 $V=\nabla\varphi$，则有 $\nabla^2\varphi=0$，伯努利常数 $\dfrac{p}{\rho}+\dfrac{V^2}{2}$ 几乎不变。随着流动向下游发展，横向通道流变窄，这是因为涡在形成之后有一加速的过程，后形成的涡加速接近前面的涡。

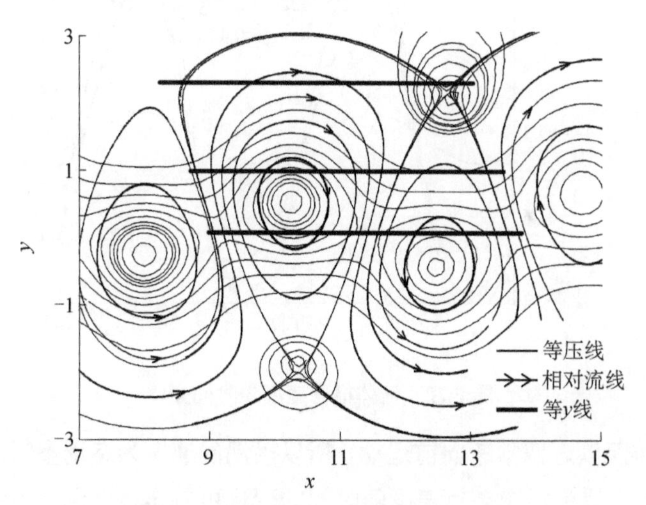

图 2.20　下游尾迹等压线和相对流线图

图 2.21 和图 2.22 给出了圆柱尾迹下游不同纵向位置（$x=10.86$）处流向速度 u 和横向速度 v 在两周期内随时间的变化。这与 Anagnostopoulos 给出的速度变化图[24]是相符的。Peschard 等[25]分析了尾迹中速度的波动，发现横向速度 v 的波动能量在回流区内表现为双峰结构，而在下游表现为单峰结构。该文中还给出了纵向速度 u 随时间的演化，发现在 $x/d=3.5$ 处类似一波源，分别向上、下游传播，并认为该处可能为绝对不稳定性的发生位置。Donald[26]给出的流向速度 u 随时间的变化图与这里的中间尾迹处的结果也类似。

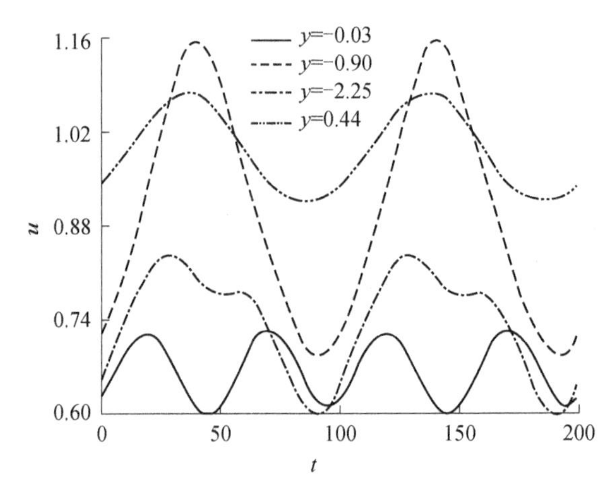

图 2.21　流体流向速度随时间变化

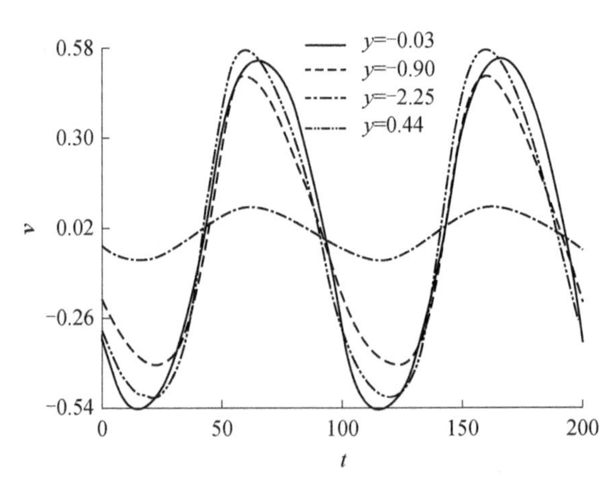

图 2.22　流体横向速度随时间变化

由于下游涡以近似常速向前运动，所以以涡的速度为运动参考系，涡周围的流线见图 2.20。原流场中某点速度随时间的变化可看作该图同一 y 线上从右向左连续空间点的 u 的变化。这里通过选取与涡心上下垂直等距的两点，可以看出其在一涡的范围内变化方式的不同，体现了涡的上下不对称性。圆柱尾迹中心线上的点与离中心线很远处的点的 u 都近似正弦变化，前者周期是后者的一半，中间区域 u 的变化可看作上述两者的融合。这是因为中心线处，在一周期内处于连续两个涡的控制范围内，而且一侧涡沿中心线对称后与另一侧涡的形状相同，所以 u 变化的周期加倍了，而 v 的周期不变。沿中心线向外越接近主流的点，流体主要在一个涡的控制范围内，因此流向速度变化与流动周期相同，较大的波动对应该侧涡主控范围，较小的波动对应另一侧涡主控范围[27]。

2.3.2　染色线的形态和涡识别方法

图 2.23 选取的是一条进到涡心部分的染色线，该染色线的释放源点位于剪切层中间部分，在涡量极大值（垂直主流方向）位置的上方，只有这部分而不是贴近圆柱壁面处进入涡心部分，而这就是 Anagnostopoulos[24]未给出通过涡心的染色线的原因。由染色线图可以看出一侧涡主要由该侧剪切层的流体组成，而另一侧流体也可横穿尾迹进入该涡，但不处于涡心，是与涡心有一段距离的部分。

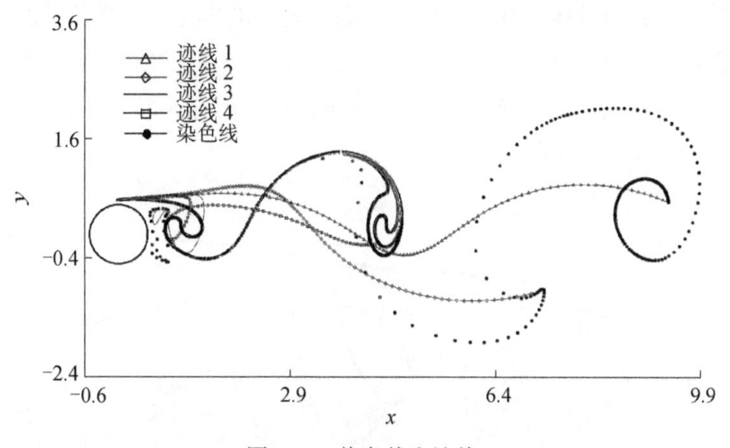

图 2.23　染色线和迹线

图 2.23 还给出了圆柱上方剪切层内某点释放的染色粒子的分布形状，其中近尾迹较分散的粒子部分是从第二个涡折回的，之后的粒子跳跃着绕过第二个涡再卷进第三个涡。图中还相应地给出了初始时刻和 5、6、7 倍 $T/100$（T 为流动周期）时刻（对应图中的迹线 1、2、3、4）释放的四个粒子的运动轨迹。粒子 1 运动到第三个涡，粒子 2 运动到第二、第三个涡之间的下侧涡中，粒子 3 运动到折回的部分，粒子 4 运动到第二个涡中。

Perry 等[12]注意到了染色线多次从下游折回回流区内的现象，认为回流区应看作是涡面经历多次折回过程的区域，而不是死水区，并认为每次涡脱落都要通过回线与回流区联系上，涡量主要通过这种方式而不是黏性扩散进入回流区。下面的分析表明该观点是不正确的，因为染色线上折回部分的粒子本身的运动并不经过先运动到下游再折回的过程。Anagnostopoulos[24]细致地考察了该现象，并通过对一条染色线进行分段描述注意到了相邻粒子间存在很大的间断。

图 2.24 给出了间隔相邻短时间的三粒子的不同轨迹，具体为 2、3、4 三个粒子的迹线在近尾迹中的部分，可以明显看出原来临近的粒子在剪切层内运动一段时间后，渐渐分离开来。粒子 2 向上偏运动到势流的部分，之后被卷绕进下侧涡中。粒子 3 分离后先在上侧大涡的主导下运动，而后在接近实心圈代表的拐点附近开始在下侧大涡主导的流动下运动，直到接近空方点的拐点，最后又在上部涡的主导下运动，这种粒子一直在涡核（更接近上侧涡）的外侧运动，因此所占比例较少。这较少部分的流体在回流区内约经历几个周期的时间才流向下游，而且在回流区逗留时间越长的流体所占比例越少，这就是染色线从越靠下游部分折回回流区的粒子越少的缘故。粒子 4 则直接被卷进涡核部分运动下去。这说明了即使在很低 *Re* 流动中，部分原来相邻的流体在某些时刻受流场不同结构的控制，沿不同轨迹运动，从而分到不同部分运动下去。事实上，如图 2.25 所示，圆柱前端相邻的两部分流体在运动两周期后分离开来，而图 2.26 则表示圆柱上游相距较远的流体在绕过圆柱的下游尾迹中渐渐合到一块。

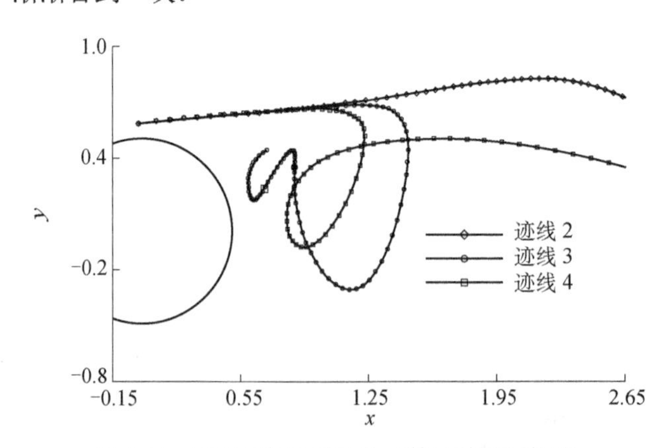

图 2.24　间隔相邻短时间的三粒子的不同轨迹

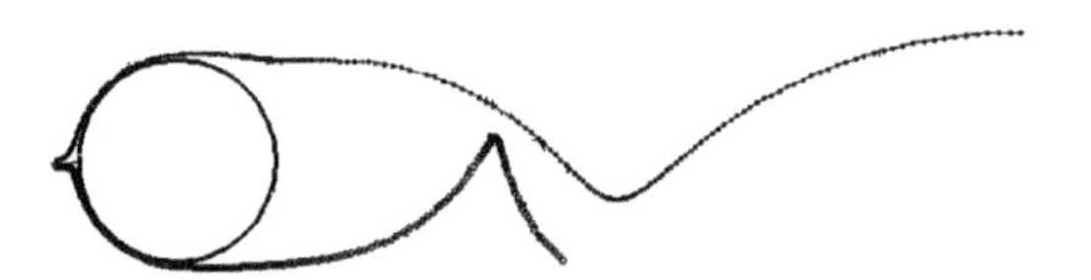

图 2.25　圆柱前端相邻流体迹线

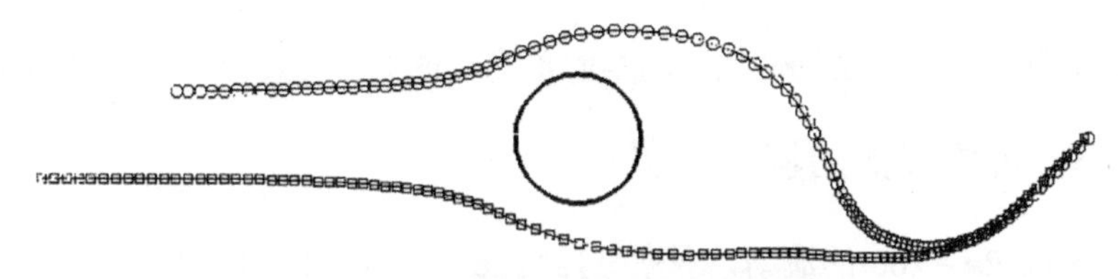

图 2.26　圆柱尾迹中聚合的流体迹线

Zdrovkovich[28]认为在卡门涡街的形成过程中，剪切层的不稳定性引起最初的涡量集中，由涡量诱导的卷绕过程加强了涡量集中以及围绕涡核的环量。新形成的涡向下游发展的趋势表明涡与周围流体强烈的相互作用，并发现涡街内的质量传递引起尾迹周围流体的混合。David 和 Morteza[29]通过由静止开始加速圆柱，分析尾迹涡是如何形成的，结果发现尾迹涡与涡环的形成过程存在相似性。

由 Jeong 和 Hussain[30]总结了关于传统的涡的识别方式的缺点，Chakraborty 等对之后的一些识别方法进行了分析[31]。这里针对圆柱尾迹的个例，进行一些附加说明。一般习惯用涡量等值线来代表涡，从 2.3.1 节分析可以看出，充分发展的下游涡完全可用涡量等值线来表示，近尾迹内尤其靠近圆柱的部分流动包含显著的非定常性，比如正在形成的上、下涡以及与上、下剪切层之间的相互作用。所以组成涡的部分不能由涡量大小来界定，而且最初闭合的涡量等值线内的流体并不填充下游的涡心，而是在涡核靠外的部分。用压力和 λ_2 准则也有这个问题，压力和 λ_2 准则在近尾迹极值附近部分的流体运动到下游偏离了涡心。另外，对于定常尾迹中的对称涡对，相应流场中显然不存在压力和涡量极值点。所以传统的识别方式，对于低 Re 绕流也是有缺陷的。

当然，如 Chakraborty 等[31]指出的，黏性引起的涡量扩散使得人们不能给出确定的涡边界，如果能在相应的判别准则中给出相应的阀值，识别出涡的主要部分就可以满足要求了。文献[31]提出了识别涡的三个要求，其中第三个与非局部拉格朗日观点[32]相似，但文献[31]提出的准则是基于时间冻结的对流场的局部分析。这里我们沿用 Cucitore 等[32]的观点，分析涡的发展过程。事实上，这与文献[33]的观点[33]是一致的。Cucitore 等[32]只考虑了涡结构中粒子相对距离变化很小的特征，实际上，可以把涡看作是一有序结构，它是流体在外部不平衡势作用下，发展出来的一种有效地减小耗散的表现方式[33]。这里附加一点说明就是单个涡内流体是单向旋转的，在涡生存时间内，流体是沿一个方向旋转的。我们认为可用两个变量表征粒子间有序程度，即距离和方向，涡结构中粒子间的相对距离变化较粒子运动距离（理想地，绕涡心）很小，粒子间相对方向的变化较它们各自转向的改变也是小量。当然上面只是从运动学的角度定性地考虑，没有涉及动力学因素。

2.3.3 近尾迹涡的演化过程

下面选取 $Re=200$ 的流动，观察近尾迹在一个周期内的发展过程，主要分析其中涡的演化。

图 2.27 为绕圆柱分区示意图，作为背景的涡量等值线在图 2.28 中有展示，分析从该时刻到一个周期后的发展过程。图中距圆柱较近部分可分为几个区域。面积最大的 1 区内的流体一个周期后发展成下游的上侧涡（5 区），2 区的流体至少经过一个周期后进到 1 区，之后发展成下游涡，靠近壁面区域的流体则在近壁面要经过好几个周期的振荡运动才流向下游，3 区的流体需经一个周期或更长时间发展成下游涡。1 区又可分为几个子区域，其中 A 区的流体发展成上侧涡外区，其中较大部分为势流；B 区流体发展成涡心附近的涡核部分，需要注意的是并非涡量闭合线部分也不是低压心的流体发展成涡心，而是偏离它们的一较远区域；C 区为上下交界区，该部分流体发展成下游涡中的窄带区，该窄带区对应染色线图 2.23 的中间涡的染色粒子间隔较大部分，该部分区域中间有一分界线，分界线的上下流体最终来自圆柱的上下部分，该分界线实际是一条复杂的折叠交叉线，这里用图中粗线段表示；D 区的流体开始为势流，其涡量经过变号后卷入上侧涡。3 区中的子域 E 区的流体在下一周期进入上侧两涡间的一窄带区，其涡量值很小，之后被卷入下侧涡。

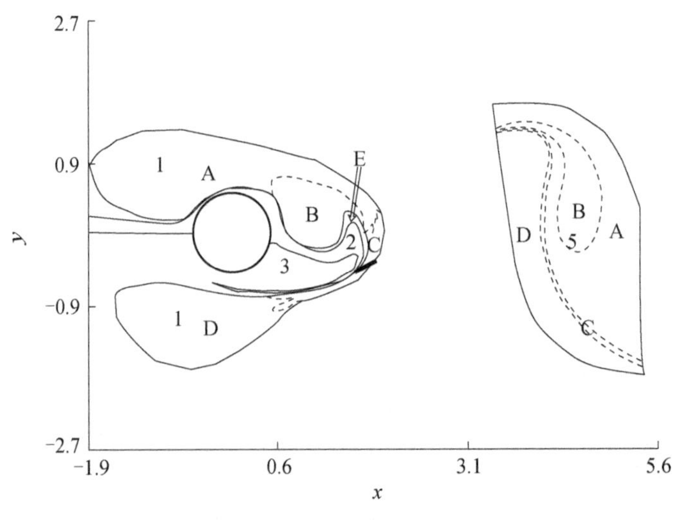

图 2.27 绕圆柱分区示意图

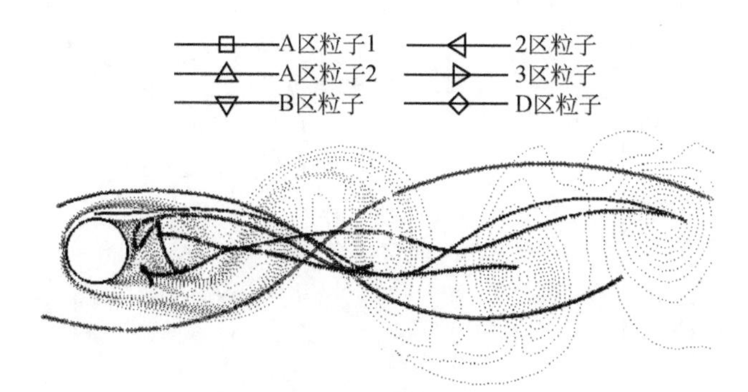

图 2.28　某些粒子两周期内的运动轨迹

各个区内的流体单元在运动过程中的变形情况也不相同。这里对变形较剧烈的 C 区的情况进行分析。选取该区中部顺着边界方向的点阵，观察其一个周期前后的变化，如图 2.29 所示。垂直边界间距很小的两点，一个周期后距离相差很远，比原距离至少高一个量级以上，而原来在顺着边界方向上的一条线段上的流体粒子之后排列在很密的往复折线上，这样导致了点阵中各点的相对位置排列变化较大。

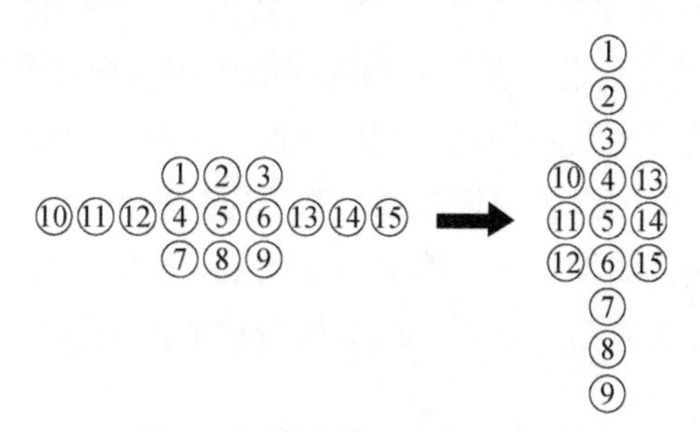

图 2.29　点阵排列变化示意图

图 2.28 选取的是圆柱附近几个典型位置的流体的运动轨迹。图 2.30 选取的流体经过一个周期后运动到 1 区，之后随着上侧涡流向下游。类似的过程也可以在纳米流体绕圆柱流动的情形下发现[34]，当然，纳米颗粒与流体之间的多种相互作用力[35, 36]，会使得情况更复杂一些。

图 2.30 表示该流体粒子运动两周期内相应物理量的变化情况，时间 t=100 为一个周期，图中数据是无量纲的结果。从该图可以看出该粒子在与涡一起运动前，速度和压力的变化近似反相，卷入涡后，速度随着涡的周期波动，而压力缓慢变化。伯努利常数受粒子周围流动形态变化的影响，这里以迹线的极值点为分析的开始时刻。涡量的变化是开始一直减少，接近壁面处减少得剧烈，接着当粒子卷进上侧涡，由于受上侧剪切层补充，涡量不断增加，直到脱离补充，然后在涡内随着涡量扩散而缓慢减小。

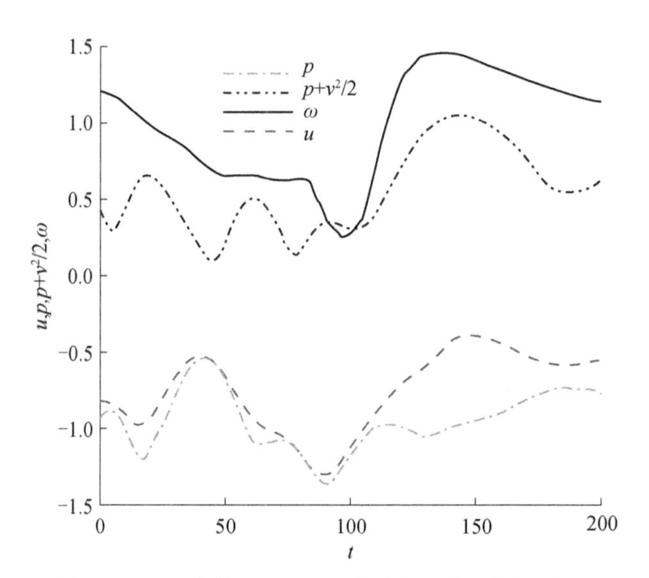

图 2.30　2 区某粒子运动两周期内相应物理量的变化

p 为压力；v 为伯努利常数；ω 为涡量；u 为流向速度

图 2.31 是上部涡心附近某粒子运动两周期内相应物理量的变化情况。从该图可以看出该粒子在与完全发展的涡一起运动前，速度以较短的周期波动，压力逐渐增加，之后速度随着大涡的周期波动，而压力几乎不变。伯努利常数开始逐渐增加之后也随着大涡的周期波动。涡量的变化是，开始由具有同号涡量流体的补充而增加，增加到最大之后，在涡内随着涡量扩散而缓慢减小。

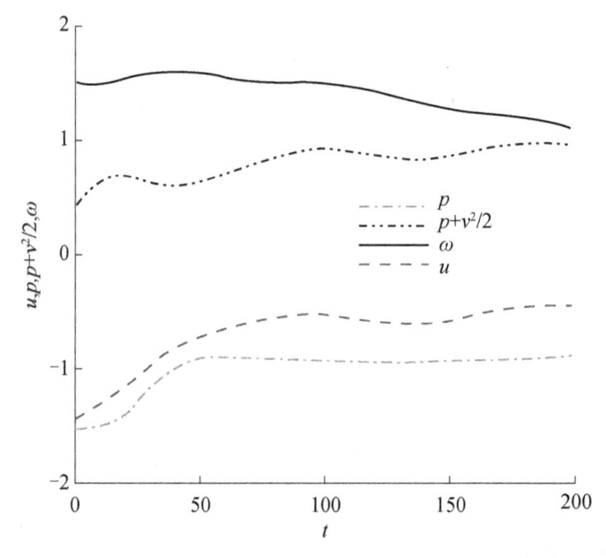

图 2.31　上部涡心附近某粒子运动两周期内相应物理量的变化

图 2.32 是上部势流某粒子运动两周期内相应物理量的变化情况。从该图可以看出该粒子在进入圆柱上方的剪切层前速度增加压力减小，涡量为零，进入剪切层卷绕的过程中，压力有小的波动，速度也变化不大，伯努利常数近似不变，涡量逐渐增加，之后粒子随涡运动，速度、压力均有大的波动，涡量缓慢地减少。

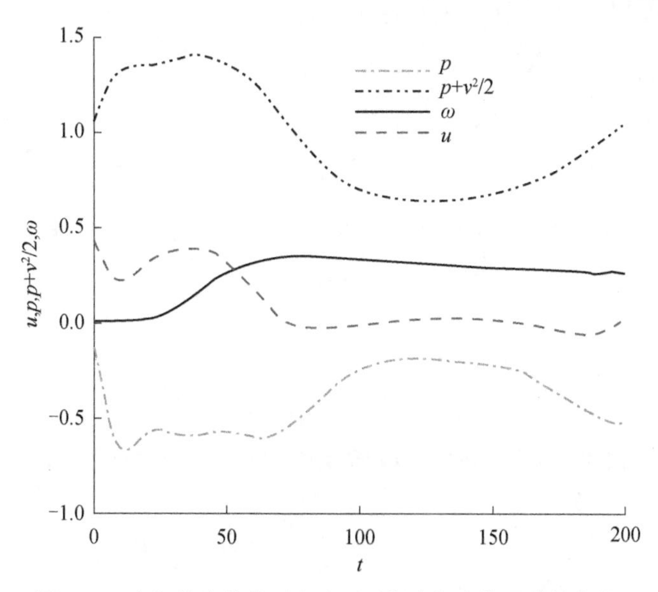

图 2.32　上部势流某粒子运动两周期内相应物理量的变化

图 2.33 是上部剪切层内某粒子运动两周期内相应物理量的变化情况。从该图可以看出该粒子在圆柱上方的剪切层中层速度减小压力增加，涡量迅速减小，之后粒子距涡心较近的随涡运动，压力变化不大，速度有较大的波动，伯努利常数也随之波动，涡量缓慢地减少。

图 2.34 是下侧势流区内某粒子运动两周期内相应物理量的变化情况。从该图可以看出该粒子在与完全发展的涡一起运动前速度和压力近似反相变化，涡量为零。之后粒子的速度和压力几乎不变，涡量先增加进入上部涡外部，后逐渐减少。

图 2.35 是下侧涡主流区的某粒子运动两周期内相应物理量的变化情况。从该图可以看出该粒子的运动过程大体分为三个阶段：在折回圆柱的阶段，速度有小的波动，压力迅速减小，伯努利常数也随之减少，绝对涡量减少；在涡逐渐形成的阶段，速度有较大的波动，压力开始变化很小后来迅速增加，伯努利常数逐渐增加，绝对涡量由于具有同号涡量流体的补充而增加；与完全发展的涡一起运动的阶段，速度随着大涡的周期波动，压力几乎不变，伯努利常数也随着大涡的周期波动，绝对涡量在涡内随着涡量扩散而趋于减小。

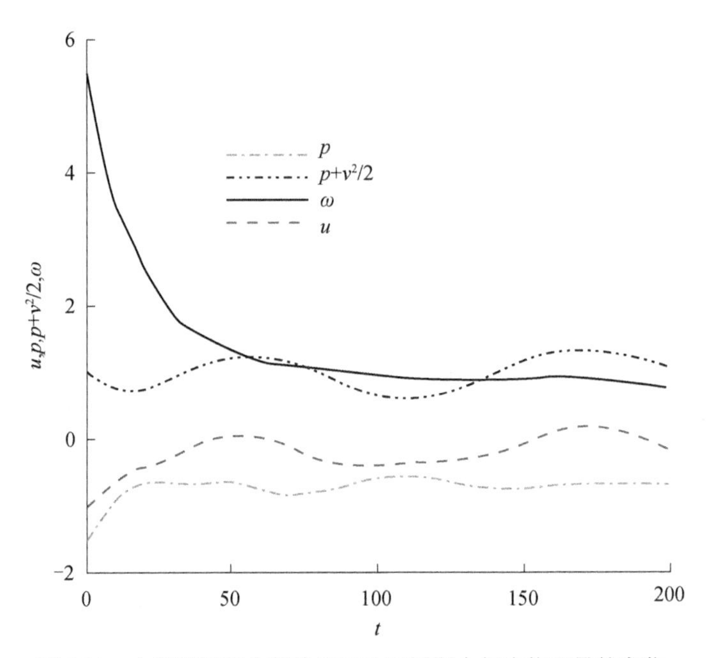

图 2.33　上部剪切层内某粒子运动两周期内相应物理量的变化

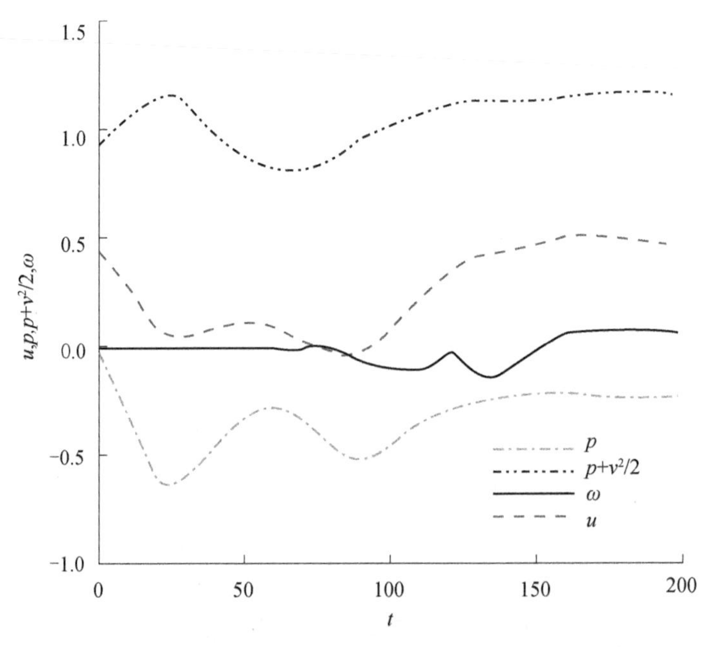

图 2.34　下侧势流区某粒子运动两周期内相应物理量的变化

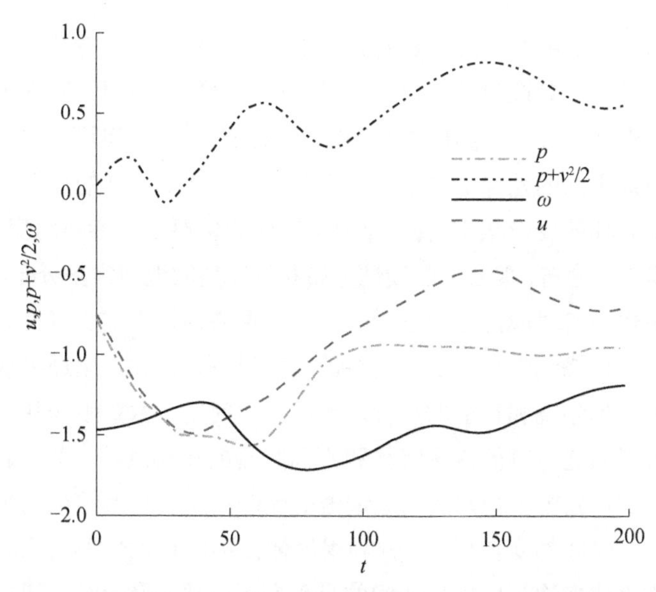

图 2.35　下侧涡主流区某粒子运动两周期内相应物理量的变化

为了能更好地解释流动特征，本节用场的观点和拉格朗日观点来分析低雷诺圆柱绕流，考察了等压线中压心与流动发展的关系，通过空间位置的变化分析了下游速度随时间的变化，解释了染色线的多次折回现象，从而弥补了之前文献中的不足。这里指出，即使是低雷诺数绕流，由于在不同时刻受不同流动结构的控制，部分流体之间的相对位置变化较大，从而增加了流动的复杂性。针对圆柱绕流的个例，分析了以往旋涡识别准则的不足，并说明了涡识别的一个原则，而后，通过观察圆柱绕流近尾迹在一个周期内的发展过程，对近尾迹部分进行了分区界定，分析了其中部分流体的运动过程。

2.4　本章小结

在圆柱绕流的卡门涡街中，单个涡对于来流有相对速度，以该速度进行观察，其周围的流线更类似无旋理论中有环量的圆柱绕流，而且实际涡核以外的涡量很小，可以近似为无旋。因此，本章在势流解的基础上，运用扰动理论分析了涡街形状的稳定性问题。结果表明，涡位置的纵横比有一变化范围，以卡门的经典值为下限，与涡相对速度、实际涡核的大小及涡环量都有关系，但与雷诺数不构成单调增加或减少的关系。将实验数据和数值模拟的结果进行对比，表明本章的分析是合理的。

其次，卡门涡街中涡的形状随着其向下游的发展是不断变化的，而且它也不是理想轴对称的。针对该问题，利用有限元法进行数值模拟，研究了由涡量等值线表示的涡的形状特征。由流场中几种等值线的对比可以得到，主要是涡量等值线与压力等值线之间的差异造成了涡的形状变化。利用广义的茹柯夫斯基变换描述涡相对于轴对称的变形状态。结果表明，变换的主要三个参数的变化规律不同，即椭圆率的抛物形分布、偏心率的线性分布和弯度角的近似常量分布。在此基础上给出了三个参数各自对应的运动学量表达式，两者对比的结果还是比较相符的。

低雷诺数圆柱绕流中也存在着复杂的流动过程，比如，尾迹中涡的发展显然不是理想的轴对称卷绕和扩散的过程。针对上述问题，本章用场观点和拉格朗日观点分别分析了固定时刻的流场特征和不同时刻的流动过程。首先通过等压线和相对流线的叠加，分析了相邻涡间通道内的流动；其次从涡结构的角度解释了尾迹中流体速度随时间的变化规律，并利用流体在不同时刻受不同流动结构控制的观点解释了染色线多次折回中粒子间的显著间断现象；最后对绕圆柱附近的流动进行了分区界定，分析了其中部分流体的变形情况和运动过程。

参考文献

[1] Grove A S，Shair F H，Petersen E E，et al. An experimental investigation of the steady separated flow past a circular cylinder. Journal of Fluid Mechanics，1964，19：60-80.

[2] Karman T V. Uber den Mechanismus den Widerstands，den ein bewegter Korper in einer Flussigkeit erfahrt. Gottingen Nachr. Math. Phys. Kl.，1912，12：509-517.

[3] Schaefer J W，Eskinazi S. An analysis of the vortex street generated in a viscous fluid. Journal of Fluid Mechanics，1959，6：241-260.

[4] Williamson C H K. Vortex dynamics in the cylinder wake. Annual Review of Fluid Mechanics，1996，28：477-539.

[5] Ahlborn B，Seto M L，Noack B R. On drag Strouhal number and vortex-street structure. Fluid Dynamics Research，2002，30：379-399.

[6] Lamb H. Hydrodynamics. 6th ed. Cambridge：Cambridge University Press，1932.

[7] Bearman P W. On vortex street wakes. Journal of Fluid Mechanics，1967，28：625-641.

[8] Green R B，Gerrard J H. An optical interferometric study of the wake of a bluff body. Journal of Fluid Mechanics，1991，226：219-242.

[9] 董双岭，吴颂平. 关于卡门涡街形状稳定性的一点分析. 水动力学研究与进展 A 辑，2009，24（3）：326-331.

[10] Berger E，Wille R. Periodic flow phenomena. Annual Review of Fluid Mechanics，1972，4：313-340.
[11] Gerrard J H. The mechanics of the vortex formation region of vortices behind bluff bodies. Journal of Fluid Mechanics，1966，25：401-413.
[12] Perry A E，Chong M S，Lim T T. The vortex-shedding proces behind two-dimensional bluff bodies. Journal of Fluid Mechanics，1982，116：77-90.
[13] Braza M，Chassaing P，Haminh H. Numerical study and physical analysis of the pressure and velocity fields in the near wake of a circular cylinder. Journal of Fluid Mechanics，1986，165：79-130.
[14] Ren M S，Rindt C M，Steenhoven A A. Experimental and numerical investigation of the vortex formation process behind a heated cylinder. Physics of Fluids，2004，8：3103-3114.
[15] Norberg C. Fluctuating lift on a circular cylinder：review and new measurements. Journal of Fluids and Structures，2003，17：57-96.
[16] Sheard G J，Hourigan K，Thompson M C. Computations of the drag coefficients for low-Reynolds-number flow past rings. Journal of Fluid Mechanics，2005，526：257-275.
[17] Kotamada M H，Miyagi T. Low-Reynolds-number flow past a cylindrical body. Journal of Fluid Mechanics，1983，132：445-455.
[18] Ahlborn B，Seto M L，Noack B R. On drag，strouhal number and vortex-street structure. Fluid Dynamics Research，2002，30：379-399.
[19] 张涵信. 分离流与旋涡运动的结构分析. 北京：国防工业出版社，2005.
[20] Shukhman I G. Evolution of a localized vortex in plane nonparallel viscous flows with constant velocity shear. Ⅱ. Elliptic flow. Physics of Fluids，2007，19：017106.
[21] 夏震寰. 现代水力学（二）分析流动的理论. 北京：高等教育出版社，1990.
[22] 董双岭，吴颂平. 圆柱绕流尾迹中涡的特征分析. 北京航空航天大学学报，2009，35（6）：758-761.
[23] Pedram R，Wu X L. Universal wake structures of Kármán vortex streets in two-dimensional flows. Physics of Fluids，2005，17：073601.
[24] Anagnostopoulos P. Computer-aided flow visualization and vorticity balance in the laminar wake of a circular cylinder. Journal of Fluids and Structures，1997，11：33-72.
[25] Peschard I，Le Gal P，Takeda Y. On the spatio-temporal structure of cylinder wakes. Experiments in Fluids，1999，26（3）：188-196.
[26] Donald R. Vortex formation in shallow flow. Physics of Fluids，2008，20：031303.
[27] 董双岭，吴颂平. 圆柱绕流尾迹流态特征和涡的演化过程分析. 北京航空航天大学学报，2009，35（8）：933-937.

[28] Zdrovkovich M M. Smoke observations of the formation of a Karman vortex street. Journal of Fluid Mechanics，1969，37（3）：491-496.

[29] David J，Morteza G. On the relationship between the vortex formation process and cylinder wake vortex patterns. Journal of Fluid Mechanics，2004，519：161-181.

[30] Jeong J，Hussain F. On the identification of a vortex. Journal of Fluid Mechanics，1995，285：69-94.

[31] Chakraborty P，Balachandar S，Adrian R J. On the relationships between local vortex identification schemes. Journal of Fluid Mechanics，2005，535：189-214.

[32] Cucitore R，Quadrio M，Baron A. On the effectiveness and limitations of local criteria for the identification of a vortex. Eur. J. Mech. B/Fluids，1999，18：261-282.

[33] 杨本洛. 理论流体力学的逻辑自洽化分析：源于“湍流”的哲学和思考. 上海：上海交通大学出版社，1998.

[34] Dong S L，Cao B Y，Guo Z Y. Numerical investigation of nanofluid flow and heat transfer around a calabash-shaped body. Numerical Heat Transfer Part A，2015，68（5）：548-565.

[35] Dong S L，Zheng L C，Zhang X X，et al. Improved drag force model and its application in simulating nanofluid flow. Microfluidics and Nanofluidics，2014，17：253-261.

[36] Dong S L，Zheng L C，Zhang X X，et al. A new model for Brownian force and the application to simulating nanofluid flow. Microfluidics and Nanofluidics，2014，16：131-139.

第3章　微通道分离红细胞的惯性聚集位置

如第2章所述，圆柱或钝体对于流体运动有分离作用，反过来，流动也可用于分离固体颗粒和细胞。有效地分离不同类型的细胞一直是学术界研究的重要问题，如果可以成功地分离不同种类的细胞，许多疾病的诊断和治疗也会有很大的进展和突破。近年来，微流控技术因为可用来进行生物颗粒的聚集、捕捉和分离，引起人们极大的关注。根据操控力的来源，这种技术可以分为主动和被动两大类，主动微流控技术如光泳、介电泳、磁泳和声泳等，这些都依赖于外部作用，而被动技术完全依赖于通道几何形状或内流流体动力学，例如确定性侧向位移和惯性微流控技术[1]。与主动技术相比，被动微流控技术操作简单，并且可以在相对较高的流速下工作。

在被动微流控技术中，惯性微流控技术由于其精确度高，结构简单以及成本低而受到高度关注，是细胞样品处理领域中非常有潜力的一种技术。惯性微流体的惯性效应包括惯性聚集和二次流动，惯性聚集的位置与管道雷诺数、流道形状和颗粒自身特性有关[2]。

随着微流控、生物芯片的不断发展，惯性聚集现象可以提供一种可行的固液分离思路。利用惯性聚集原理进行细胞分离，可以精确控制流体行为，在近年来已经广泛应用在高通量红细胞分离中，它具有将红细胞高分辨率分离和分选降至单细胞水平的潜力，目前已开发了多种利用“惯性聚集”原理进行红细胞分离的装置，如微流控芯片，虽然还没有对其进行深入探索，但它在生物医学方面有着广阔的应用前景[3]。

本章通过以红细胞为研究对象，采用卡西尼卵形线的描述，给出确定红细胞在微通道内流动过程中聚集位置的方法，并将模型得到的聚集位置与相应的实验结果进行对比，进行定量验证，也为确定其他类型细胞或颗粒流动中的惯性聚集位置提供了新的思路。

3.1 惯性聚集的主要影响因素及应用

颗粒或细胞在微通道中因为受到横向作用力的影响而聚集在特定的位置，自 20 世纪 60 年代首次观察到在圆管中颗粒聚集在一个圆环面上之后，许多学者都展开了对此现象的实验研究和理论探索。

引起“惯性聚集”现象的力可能主要来源于“马格努斯（Magnus）力”与“萨夫曼（Saffman）力”。自“Segre-Silberberg 圆环”[4]被发现后，许多学者采用摄动法中的“渐近匹配展开方法”对流动控制方程 Navier-Stokes（N-S）方程求近似解，他们发现，横向升力满足关系式 $F_L = f\rho U^2 a^4 / H^2$，其中，$\rho$ 是颗粒密度，U 是流体的特征速度，a 是颗粒直径，H 是通道的特征尺度，f 是无量纲升力系数，它是雷诺数和归一化横截面位置（x/H）的函数[5-8]。使用渐近匹配展开方法，要满足以下假设：一是小颗粒 $Re_p = Re(a/H)^2$ 很低；另外，颗粒相对尺寸 $a/H \ll 1$，即颗粒不会干扰周围的流场[2]。Ho 和 Leal[5]以及 Matas 等[9]讨论了惯性升力的两个组成部分，一起作用使得在通道壁和中心线之间产生平衡位置，一部分是由壁面指向通道中心线的壁面升力 F_w，另一部分是由管道中心线指向壁面的剪切升力 F_s。Di Carlo 等[2]的工作表明，在通道中心线附近横向升力满足的关系式为 $F_L \propto \rho U^2 a^3 / H$，在通道壁面附近升力满足的关系式为 $F_L \propto \rho U^2 a^6 / H^4$。

为了更好地利用该现象进行颗粒或细胞的分离，需要对影响聚集位置的因素进行研究。实验表明，聚集位置与管道结构尺寸、管道雷诺数、颗粒尺寸、颗粒形状和颗粒变形都有关系。

3.1.1 管道的影响

1. 管道结构尺寸

由惯性升力引起的惯性聚集位置被许多实验证明与通道对称性有关。直管中的截面形状有圆形、正方形和矩形。圆形通道中颗粒的聚集位置是一个包围着通道的圆环，如图 3.1 所示。发现流经正方形通道的颗粒在特定的雷诺数条件下，可以集中在 4 个壁面的中点附近或者聚集在 8 个点上，而在矩形通道中，当流体为中等通道雷诺数流动时，颗粒的聚集位置完全落在通道高度方向的两侧聚集点，聚集点只有 6 个[10]。矩形截面是许多微流体装置经常选用的截面形状，在选定的流速和管道尺寸下，惯性升力可以将颗粒聚集到靠近通道壁面的位置，如果改变通道的高宽比，还可以实现将颗粒聚集到长边附近。

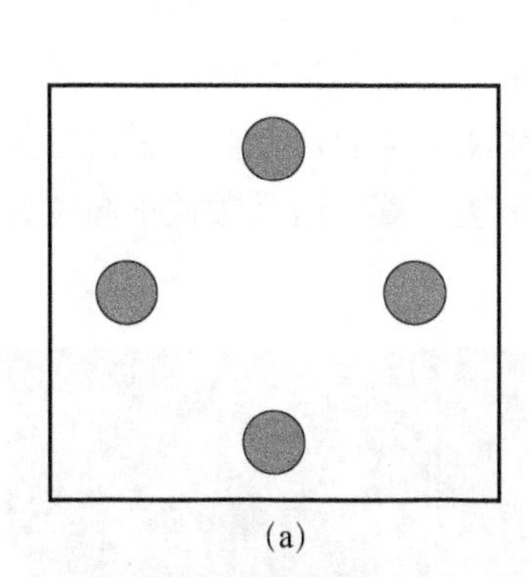

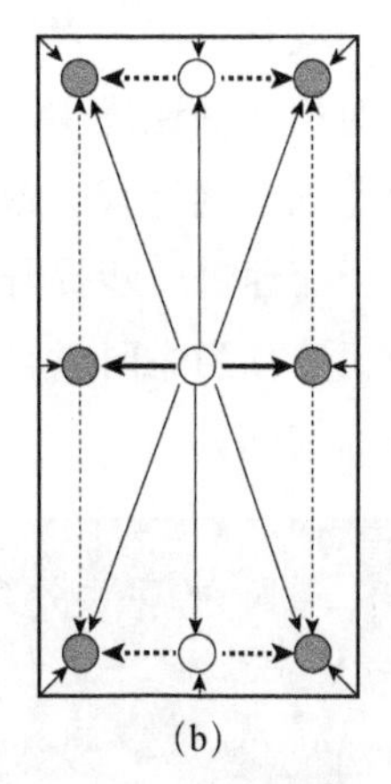

图 3.1　管道中的颗粒惯性聚集位置：方形截面（a）和小宽高比的矩形截面（b）[10]

在弯管中，由于 Dean 曳力的存在，情况会更加复杂，通过设计不同的微通道结构，颗粒聚集的位置不同。正弦形或圆弧状流体通道中的颗粒会聚集到纵向的两个平衡位置，而螺旋形通道中的颗粒则聚集到单一的平衡位置。

2. 管道长度

长度是微通道中非常重要的一个设计参数，必须正确估计。对于直线通道，Di Carlo[2]根据横向偏移速度估算了这个长度 L_f，即 $\pi\mu D_h^2/(C_{SG}\rho U_{max}a^2)$，其中，$C_{SG}$ 为剪切梯度升力的升力系数。该横向偏移速度使用剪切梯度升力和斯托克斯阻力的平衡来计算，管道长度对颗粒的聚集位置也有影响。流道长度对颗粒惯性聚集特性的影响可以分为两个阶段：聚集形成阶段和聚集位置调整阶段[11]。第一个阶段的特点是粒子聚集效果迅速提升，且聚集形成阶段所需的流道长度不随流道总长度的改变而变化。一般在直管中，颗粒要形成惯性聚集需要相对于截面尺寸很大的管道长度，如果采用弯管进行颗粒聚集，可以保证实现颗粒惯性聚集的前提下，管道装置轴向尺寸不会过大，这更适合于工业应用。

3. 管道雷诺数

管道雷诺数的大小也会影响惯性聚集的位置，如图 3.2 所示。在正方形管道中，均匀分布颗粒的流体进入管道后，在不同的管道雷诺数下会形成不同的聚集位置，在三个特殊的管道雷诺数会形成 3 种典型分布[12]。当 $Re=100$ 时，颗粒惯性聚集在方管截面的 8 个位置上，并且沿着流动方向形成一条直线；当 $Re=500$ 时，颗粒主要聚集在方管截面的四角处，此时颗粒的流动不稳定，颗粒之间的间距也不均匀。雷诺数进一步增大到1000时，颗粒的聚集位置会出现不同于前面两种情况的新变化，在方管截面的中心处出现了颗粒聚集流。在弯管中的情况更加复杂。非对称弯曲通道中，当流速较低时，由于作用力都较小，管道内的颗粒不会形成显著的横向迁移。随着流速的增加，颗粒很快会在内壁面处形成聚集并趋于稳定。当流速进一步提升时，颗粒的聚集效果有所下降，聚集位置开始向中心迁移。当流速相当大时，会出现双聚集平衡位置，而且颗粒平衡位置的间距随流速的提升而增加。

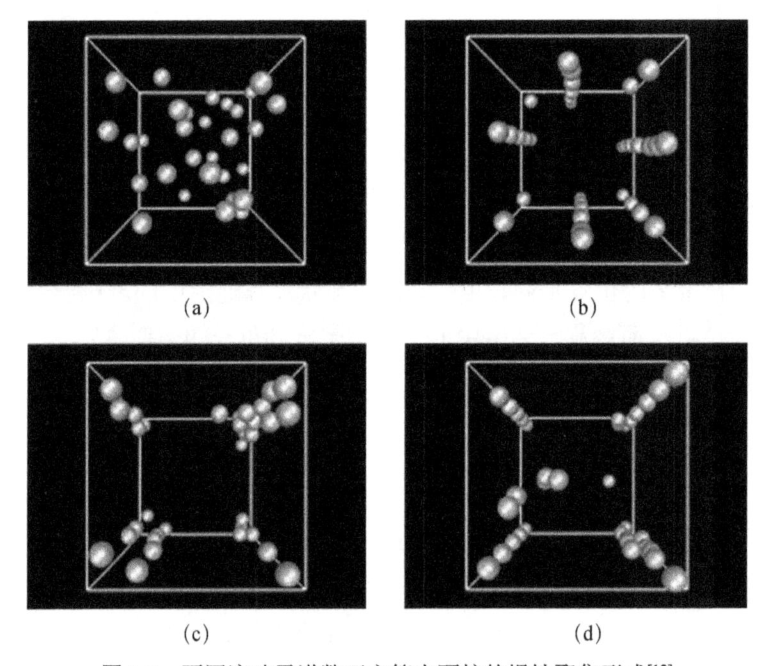

(a) (b) (c) (d)

图3.2 不同流动雷诺数下方管内颗粒的惯性聚集形式[12]

3.1.2 颗粒自身特性的影响

1. 颗粒尺寸

在直管中，惯性升力与a^3成正比，尺寸越小的颗粒聚集位置越靠近管道中心线，而在弯道中，大颗粒的聚集所需管道长度更短，而且具有短暂聚集过渡阶段，这是由于引起颗粒横向迁移的惯性升力、Dean曳力都随颗粒尺寸的增大而增大，因此尺寸较大的粒子将受到更有效的横向力作用，从而加快了颗粒的聚集，而且它们的聚集效果更好。

大多数用来分离颗粒或细胞的微通道都是利用横向作用力的尺寸依赖性。

2. 颗粒形状

在生物医疗和工业生产中要用到大量的各种形状的颗粒，颗粒形状如何影响微通道中的聚集位置对于理论研究和应用来说非常重要。

以圆柱形颗粒为例，在中等流速下，大多数圆柱形颗粒表现出弹跳运动（粒子周期性地在通道中心线上来回转换），随着流体惯性的增加，粒子开始在两条流线中惯性聚集，并且在通道雷诺数 $R_c = 200$ 时，所有颗粒都惯性聚集并在靠近通道壁的两个不同位置处和在中间垂直平面处旋转，这与矩形通道中观察到的球体颗粒的情形类似。

如图 3.3 所示，颗粒的聚集位置因形状各异而不同，形状的不对称性不会影响颗粒惯性聚集位置的改变，决定颗粒聚集位置的不是颗粒的具体形状而是颗粒截面的最大直径。该直径越大，聚集位置越向管道中心线移动[3]。当 $R_c = 200$ 时，无论颗粒横截面形状或纵横比如何，除了具有 h 形横截面的不对称盘之外，所有粒子遵循具有相似 D_{max}（不同形状颗粒的最大直径）的球形颗粒的聚集趋势，并且具有较大 D_{max} 的细长颗粒需要精确取向调控，以读取颗粒表面的图案将更有用[13]。具有相同最大直径 D_{max} 的颗粒可以有不同形状，因此需要根据实际场景，在保证该直径不变的前提下，选择合理的颗粒形状，使得颗粒可以更好地适应实际的应用需求。

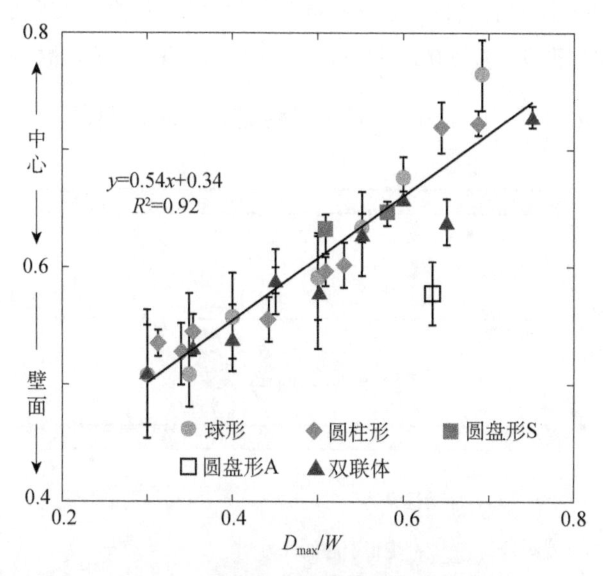

图 3.3　几种非球形颗粒聚集位置[13]

x，y 为拟合曲线的自变量和因变量，x 是最大直径和宽度的比，y 是无量纲的平衡位置距离。R^2 是度量拟合优度的确定系数，越接近 1 说明拟合程度越好

3. 颗粒变形

固体刚性颗粒是用来进行微通道中颗粒惯性聚集现象理论研究的简单模型，但实际的生物颗粒（如细胞），它不是刚性的，而是可变形的。变形能力会对颗粒产生额外的升力。变形引起的升力与主流线垂直，可以使用三个无量纲参数来表征液滴的相对变形：We 数（惯性升力与表面张力之比），$We=\frac{\rho_f U^2 a}{\sigma}$，其中，$\rho_f$ 是流体密度，U 是流动特征速度，a 是液滴半径，σ 是表面张力；Ca 数（黏性应力与表面张力之比），$Ca=\frac{\mu Ua}{\sigma h}$，其中 h 是通道高度；黏度比，$\lambda_d=\mu_d/\mu$，其中 μ 是流体黏度，μ_d 是液滴内流体的动态黏度。

变形引起的升力的解析表达式如下[10]

$$F_{L,\text{deformation}}=\mu Ua\left(\frac{a}{H}\right)^2 f(\lambda_d) \tag{3.1}$$

其中

$$f(\lambda_d)=\frac{16\pi}{(\lambda_d+1)^3}\left[\frac{11\lambda_d+10}{140}(3\lambda_d^3-\lambda_d+8)+\frac{3}{14}\frac{19\lambda_d+16}{3\lambda_d+2}(2\lambda_d^2-\lambda_d-1)\right]$$

如图 3.4 所示，d 是液滴与通道中心之间的距离。$\lambda_d<1$ 或 $\lambda_d>1$ 是朝向通道的可变形性引起的升力的条件。Di Carlo 等[14]对惯性升力的实验测量被用来推导出当通道满足 $d/H<0.1$ 时通道中心附近的惯性升力方程 $F_{L,\text{inertial}}^{\text{center}}=-10R_p\mu Ua\left(\frac{d}{H}\right)$，其中 R_p 是颗粒雷诺数，H 是通道水力直径。

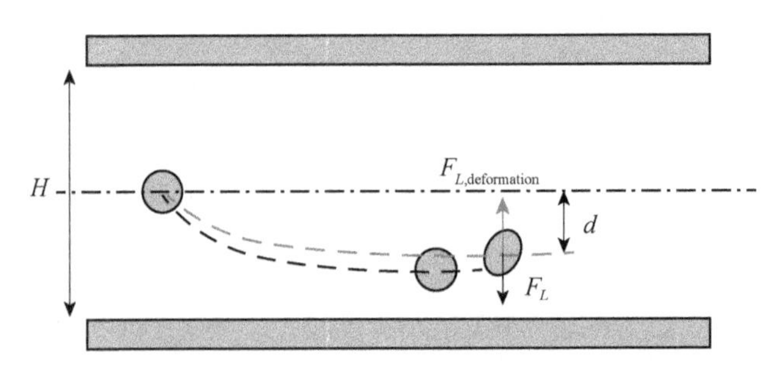

图 3.4　通道内颗粒变形引起的升力 [10]

可变形颗粒与刚性球形颗粒相比，由于有通道中心附近的惯性升力的存在，惯性聚集位置会向通道中心迁移。变形引起的升力可用于从正常健康红细胞中分离出疟疾感染的红细胞，寄生虫会触发并释放被感染的红细胞中的磷脂双分子膜中血影蛋白网络交联的蛋白质，从而增加被感染红细胞的刚性，正常红细胞更容易变形，聚集位置会更靠近管道中心。

总体来讲，几种影响因素的作用原理各不相同。管道结构尺寸主要包括管道截面形状和管道长度，由于通道对称性不同，聚集位置也会不同，由于弯管中多了一个 Dean 曳力的作用，聚集位置也会有所改变。管道雷诺数的影响主要是源于流体流速的大小影响了惯性升力的大小；颗粒尺寸的大小也会影响惯性升力和 Dean 曳力的大小；颗粒形状的影响是源于颗粒最大直径的不同导致聚集位置不同，与颗粒的具体形状无关；颗粒变形的影响是源于会产生一个另外的升力，使细胞的聚集位置向微通道中心移动。

3.1.3　在分离红细胞中的应用

传统的分选和分离血细胞的方法可以分为两大类，可以单独或一起使用。第一类属于利用不同血细胞之间物理特性的差异进行分离，第二类是利用生物差异，如使用抗体或者表面蛋白标记来帮助区分不同的细胞类型。基于抗体的方法具有高特异性和高灵敏度的优点，但受到抗体质量和高成本的限制。血液的细胞成分通过其物理性质（例如细胞密度和尺寸的无标记分离）也被广泛使用，然而，使用纤维膜或聚碳酸酯过滤器进行离心分离或基于尺寸的过滤方法难以以高分辨率分离血细胞。另外，常规的大规模血细胞分离方法的血液样本需求量大，并且会涉及许多手动干预，它们通常还需要熟练的技术人员和设备良好且价格昂贵的实验室。一些严格的应用需求进一步加剧了对这些技术的挑战，比如从全血中去除红细胞，避免自发性血小板引发的凝集，从患者血液中捕获罕见细胞，例如循环肿瘤细胞和特定的白细胞亚群[15]。

近年来，新型微流控技术和实验室芯片技术的发展越来越受到重视，它们能够精确控制流体行为和降低样品的用量，因此成为高通量血细胞分离的有效方法。此外，探索特定微流体环境中的独特流体运输现象，并将物理和生物化学方法与分析测定结合在一个单一芯片格式中，可以为传统的血细胞分选和分析提供一种有前途的通用微流体工具[16]。

Robinson 等的研究证明了多级惯性双螺旋微流体芯片的过滤能力，通过将更多的螺旋通道串联在一起，流体中的颗粒可以通过较大的颗粒尺寸差异进行分离。该芯片由便宜的一次性材料（聚二甲基硅氧烷和玻璃载玻片）制成并可重复使用，但每次使用后效率降低约 1%。在流量为 1.23mL/min 时，这种微通道的细胞过滤速率为每秒 5×10^6 个细胞，平均效率能达到 99%。使用这种快速通量惯性微流控技术从稀释的血液样品中除去红细胞的过滤效率高，可以用作开发诊断系统的前端滤波芯片。该器件可以与其他芯片实验室器件集成，特别是适用于小型化流式细胞术、即时医疗诊断（POC）癌细胞成像、光谱测定等[3]。

利用惯性聚集原理分离红细胞是一种非常有效的手段，对该原理的研究有深远的意义。在目前的成果中，无论是对惯性聚集现象的理论探索，还是对微流控芯片结构的优化，都停留在初级阶段，还需要我们更加深入地进行研究。

通过理论计算确定红细胞的位置，有助于设计分离装置从而将红细胞单独分离出来，并将此分离装置应用于疾病的诊断中。

3.2 红细胞形状描述

3.2.1 红细胞概述

血液是无可争议的用于生物研究领域的重要的生物样本，它由各种各样的分子和细胞组成，其中分子包括碳水化合物、脂质、蛋白质、矿物质和气体，典型的血细胞包括红细胞、白细胞和血小板，每种细胞成分都具有重要的医疗用途[16]。从未加工或最低限度处理的血液样本中分离和分选出不同的血细胞对临床及生物医学应用都具有非常重要的意义，并且在许多病理状况的诊断和预防中起作用，如感染性疾病、癌症和炎症反应等。

人体内大约四分之一的细胞是红细胞，血液体积的近一半（40%～45%）是红细胞，在成年人身体中每秒产生大约 240 万个新红细胞。红细胞的大小在脊椎动物物种中差异很大，它具有弹性和可塑性，在通过毛细血管时需要单独通过，在其中受到严重变形时整个红细胞可以缩小至 3μm，有利于与其他物质的交换。在正常的状态下，即在正常的生理等渗溶液中以及 pH 约为 7.4 且室温时，正常的红细胞的形状通常为双凹面圆盘状，中间较薄，边缘较厚，具有哑铃形横截面，并且在盘的边缘上具有环形轮缘。其圆盘直径为 6.2～8.2μm，最厚处的厚度为 2～2.5μm，中心处的最小厚度为 0.8～1μm，远小于大多数其他细胞。红细胞的形状对其代谢和环境条件敏感，在某些条件下变形为棘形细胞和口形细胞，并且在某些条件下会膨胀形成球状体[17]。红细胞的颜色是由于血红蛋白的血红素组，正常成熟的红细胞没有细胞核和线粒体等。它富含的血红蛋白主要作用有两种：一是运输氧气和分解葡萄糖来合成能量；二是免疫，即识别携带抗原、清除循环中的免疫复合物、促进吞噬作用等。

由于哺乳动物与人的红细胞都是无核细胞，红细胞的形状完全取决于生物膜上力的平衡，是研究生物膜性质的理想对象。欧阳钟灿等[18]认为，红细胞独特的形状并不是因为它内部特定的化学组成和细胞膜上的蛋白调节作用，而是因为膜有减小其自由能的需要。

描述其截面形状的方法主要有两种：一种是利用圆弧连接进行描述；另一种比较接近红细胞截面的模型是卡西尼卵形线。

3.2.2　圆弧连接

为了用一个简单的方式来描述正常红细胞的形状，Bunthawin 等提出了圆弧连接模型。轮廓由四个附加圆的部分组成，双凹面积和圆环面分别具有不同的半径 R 和 $H/2$，双凹圆盘的俯视图是一个直径为 W 的圆。由 x-y 平面中横截面的轮廓所示的模型的体积，是基于 Asami 和 Linderkamp 等提出的实验测量和对于正常人类红细胞的理论分析所得的体积。中心轴厚度 T 的值为 0.9～1.86μm，选用标准几何参数，宽度 W=7.79μm，中心轴厚度 T=1.17μm，高度 H=2.81μm。

该模型的体积被认为是圆环和花瓶状两部分的体积之和，分别记为 V_{torus} 和 V_{vase}，因此模型的体积公式为[17]

$$V_{\text{cell}}^{\text{Bun}} = V_{\text{torus}} + V_{\text{vase}}$$

$$V_{\text{torus}} = \frac{1}{4}\pi^2 H^2 (W - H) \tag{3.2}$$

$$V_{\text{vase}} = 2h\pi(R\sin\theta)^2 - (V_{\text{iT}} + 2V_{\text{pS}})$$

其中，$V_{\text{oT}}, V_{\text{iT}}, V_{\text{pS}}$ 代表的部分在图 3.5 中标出，V_{oT} 表示圆环部分的外部区域，V_{iT} 表示圆环部分的内部区域，V_{pS} 表示圆弧段的区域。

$$V_{\text{iT}} = \frac{1}{8}\pi H^2 (2\alpha - \sin 2\alpha)(W - H - X) \tag{3.3}$$

$$V_{\text{pS}} = \int_{\phi=0}^{2\phi}\int_{\theta=0}^{2\theta}\int_{R-r}^{R} r^2 \sin\theta \mathrm{d}r\mathrm{d}\theta\mathrm{d}\phi = \frac{1}{3}(R^3 - (R-r)^3(1-\cos 2\theta)(2\phi))$$

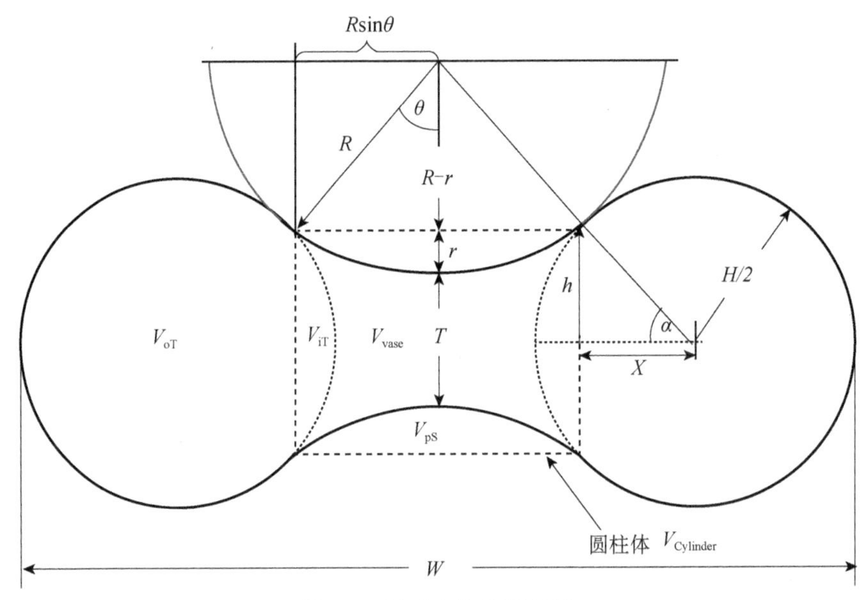

图 3.5　圆弧连接的描述[17]

3.2.3　卡西尼卵形线

平面上到两个定点的距离之积为定值的点的轨迹，被称为卡西尼卵形线，它以极坐标表示

$$\rho^4 - 2a^2\rho^2\cos 2\theta + a^4 = c^4 \tag{3.4}$$

在直角坐标系中方程如下[32]

$$(x^2 + y^2 + a^2) - 4a^2x^2 = c^4 \tag{3.5}$$

式中 a 表示卡西尼卵形线的焦距，c 对于特定形状的卡西尼卵形线为一常数。其中 a，c 的取值与红细胞的直径和最小厚度有关[19, 20]。

如图 3.6 所示，卡西尼卵形线的形状与调控因子 k 有关，$k = \dfrac{c}{a}$。而对于双凹面圆盘状的正常红细胞而言，其截面形状对应的形状调控因子为 k_r。当 $c < a$ 时，即 $k < 1$，形状为 2 个分离的卵形线；当卡西尼卵形线的高度逐渐接近于宽度时，即 $c > \sqrt{2}a$，曲线形状逐渐变为圆形。

然而，红细胞是三维的，其双凹面圆盘形状通过卡西尼卵形线围绕垂直轴旋转即可产生，此时其对应的方程可以写为

$$(x^2 + y^2 + z^2 + a^2) - 4a^2(x^2 + z^2) = c^4 \tag{3.6}$$

在本节中，我们用卡西尼卵形线来描述正常红细胞的形状，并以此作为基础来确定微通道中红细胞形状与惯性聚集位置的关系。

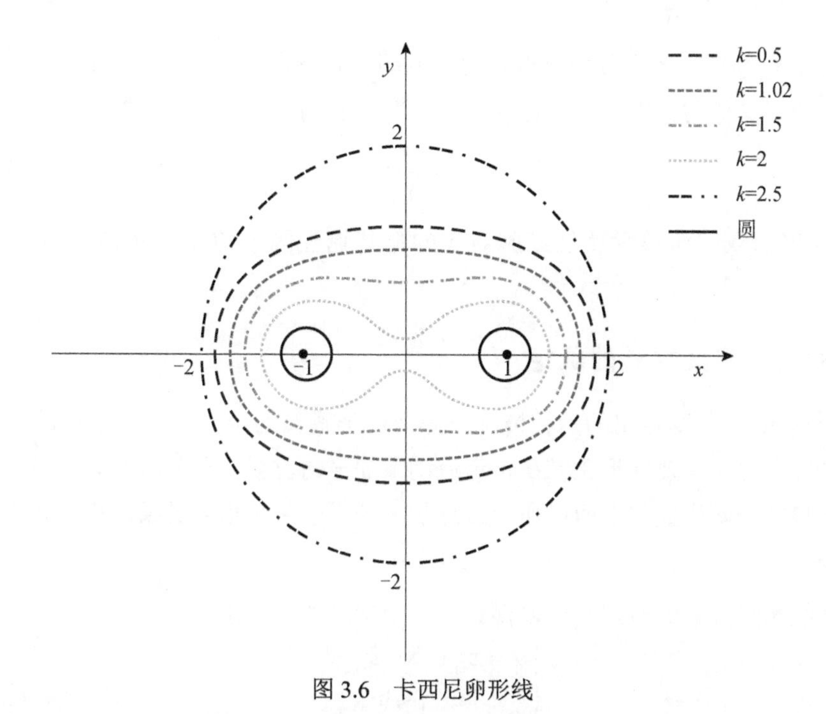

图 3.6　卡西尼卵形线

随着形状调控因子的增加，卡西尼卵形线将会由两部分合并成为一部分并逐渐接近于圆形。考虑到红细胞截面形状与两液滴刚接触开始融合时的形状相似，在接下来的 3.3 节中我们提出了一种利用卡西尼卵形线对应的两种较为极端的情况来确定红细胞聚集位置的方法，即首先将红细胞视为两个较小等直径颗粒和一个直径较大的球形颗粒；然后，根据这两种等效直接确定出真实形状和尺寸下的红细胞的聚集位置。

3.3　红细胞的惯性聚集位置

3.3.1　等效半径的确定

根据卡西尼卵形线的变化特点，首先确定出两种情况下等效球形颗粒对应的形状调控因子 k_1， k_2。然后根据在特定调控因子下卡西尼卵形线的曲线方程，可以求得两者对应的球形颗粒等效半径分别为

$$d_1 = \left(\sqrt{1+k_1^2} - \sqrt{1-k_1^2}\right)a \tag{3.7}$$

$$d_2 = 2\sqrt{1+k_2^2}a$$

式中 k_1，k_2 分别为两种等效球形颗粒对应的形状调控因子的值；a 为卡西尼卵形线的焦距，其值与红细胞的直径有关，其表达式为

$$a=\frac{d_r}{2\sqrt{1+k_r^2}} \tag{3.8}$$

其中 k_r 表示双凹面圆盘状红细胞对应的形状调控因子的值；d_r 表示红细胞的直径。

3.3.2 聚集位置的确定

根据 3.3.1 节确定出的两种情况下等效球形颗粒的半径，可以根据前人的实验数据确定出两等效球形颗粒在特定流动下的平衡位置，分别记为 x_{eq1}，x_{eq2}。而颗粒聚集的平衡位置与卡西尼卵形线形状调控因子呈负指数关系，也就是

$$x_{\mathrm{eq}}=\alpha \mathrm{e}^{-\beta k} \tag{3.9}$$

根据两组聚集位置的数据，可以得到公式中参数的值分别为

$$\begin{cases}\alpha=x_{\mathrm{eq1}}\mathrm{e}^{\beta k_1}=x_{\mathrm{eq2}}\mathrm{e}^{\beta k_2}\\ \beta=\dfrac{\ln x_{\mathrm{eq1}}-\ln x_{\mathrm{eq2}}}{k_2-k_1}\end{cases} \tag{3.10}$$

通过得到的颗粒惯性聚集的平衡位置 x_{eq} 与形状调控因子 k 的关系模型，我们可以将双凹面圆盘形红细胞的实际直径对应的形状调控因子 k_r 代入公式(3.9)，便可得到红细胞在流场中的惯性聚集位置。

3.3.3 对比前人实验验证

根据得到的颗粒平衡位置与卡西尼卵形线形状调控因子的关系，随着 k 的增大，颗粒平衡位置就越靠近通道中心线，原因是 k 的数值的增大就表明等效球形颗粒直径的增大，而其相应平衡位置随着直径的增大越靠近中心轴线，这与颗粒惯性聚集位置随颗粒尺寸大小变化的一般性规律是一致的。为了定量验证这一模型的正确性，我们将模型计算得到的平衡位置与相应的实验结果进行对比。

我们将计算结果与 Di Carlo 等[14]的实验结果作对比。该实验系统采用软光刻工艺制作，由长度为 5cm，宽度和高度为 20～50μm 的微通道组成，实验对象为聚苯乙烯颗粒（$\rho=1.05\mathrm{g/cm^3}$，a=5～20μm），实验和数值结果表明，通道横截面内颗粒的聚集位置强烈依赖于颗粒尺寸与通道尺寸的比值 a/H，随着 a/H 的增加，颗粒的平衡位置 x_{eq} 向通道中心移动，与 Segre 和 Silberberg 在圆管中的最初研究结果相比，当 $a \ll H$ 时，x_{eq}/h 的值接近 0.6。

取圆盘形红细胞的直径$d_r = 8\mu m$，则$a = 2.8\mu m$，$k_r = 1.02$，$k_1 = 0.4$，$k_2 = 5$；由公式（3.6）和（3.7）可计算得到$d_1 = 0.16\mu m$，$d_2 = 28.55\mu m$；由公式（3.10）可以得到$\alpha = 0.64$，$\beta = 0.15$。进而得到该直径红细胞的惯性聚集位置为$x_{eqr} = 0.55$。这与 Di Carlo 等的实验结果一致，如图 3.7 所示。

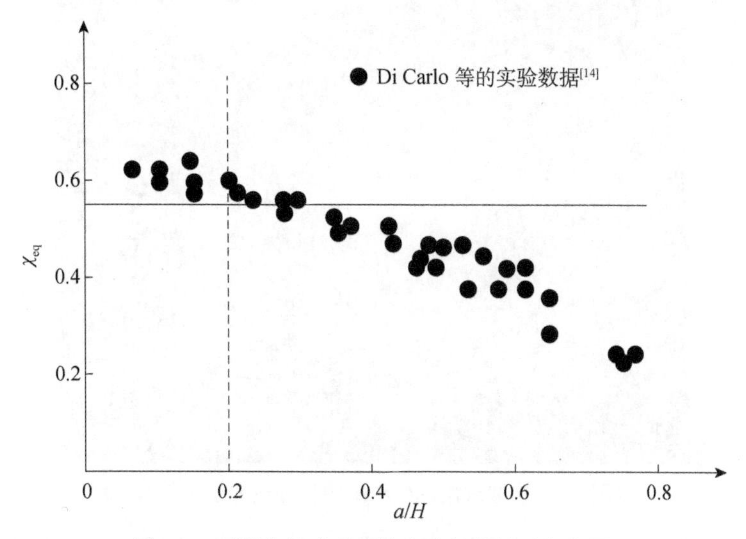

图 3.7　不同直径球形颗粒在流场中的平衡位置

3.4　红细胞的惯性聚集实验

3.4.1　实验准备

牛的红细胞的形状、大小、性质与人的相似，因此本次实验可以选用牛的红细胞代替人的红细胞作为实验观察对象。如图 3.8 所示，本次实验使用北京百奥莱博科技有限公司制作的浓度为 1%的牛红细胞悬浮液，并将其保存在 4℃的环境中。实验使用 10mL 一次性注射器分别抽取生理盐水和悬液，按一定比例分别制成浓度为 0.5%和 0.25%的牛红细胞悬液，并将其分别保存在塑料试剂瓶中。使用这两种浓度相对较低的细胞悬浮液进行实验，不仅可以减少细胞间的相互作用，同时能够更加清晰地观测到细胞的运动情况。

如图 3.9 所示，实验选用苏州含光微纳科技有限公司生产的 100μm 方形截面微通道芯片，该芯片材料为有机玻璃（PMMA），是现在合成透明材料中质地最优异，价格比较适合的一种材料，缺点是质脆易开裂，表面硬度低，易于被擦伤，所以在进液时要防止扎透芯片。该芯片长通道部分的长度为52.12mm，满足可以观察到红细胞惯性聚集的长度要求，通道有三个出口，在进行实验时要用胶带将两边的出口封死，避免对聚集现象产生影响。

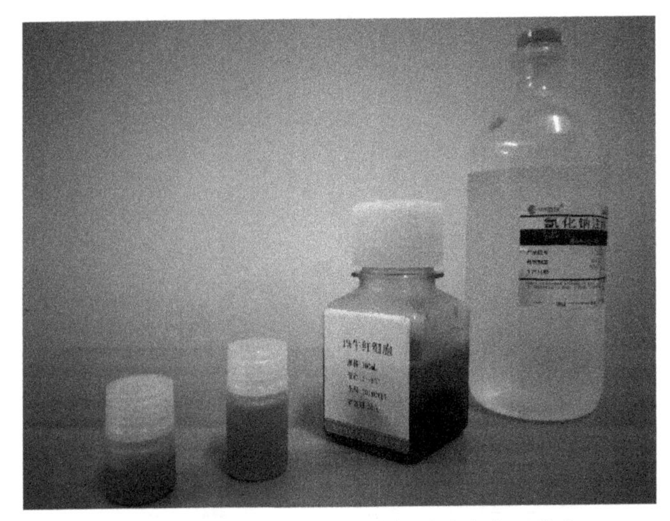

图 3.8　实验选用的牛红细胞悬浮液和生理盐水

选用50倍的电子目镜、增倍镜和10倍的物镜进行观测，将电子目镜与计算机连接，利用ScopePhoto软件进行视频录制和照片拍摄。

图 3.9　100μm方形截面微通道芯片

3.4.2　实验结果

对于0.5%的牛红细胞悬液，在微通道的前部，红细胞分布不均匀，它们可以迁移到微通道横截面的任何位置，如图3.10（a）所示。

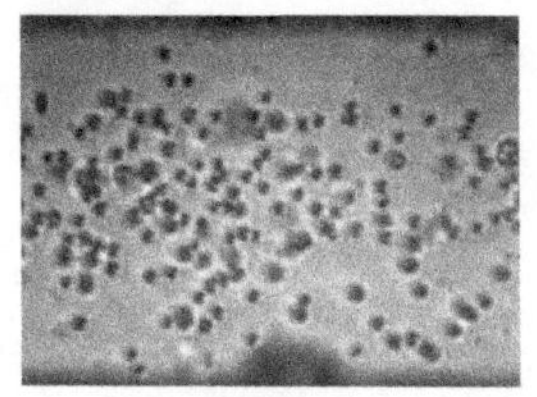
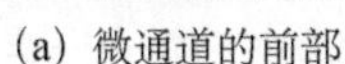

（a）微通道的前部

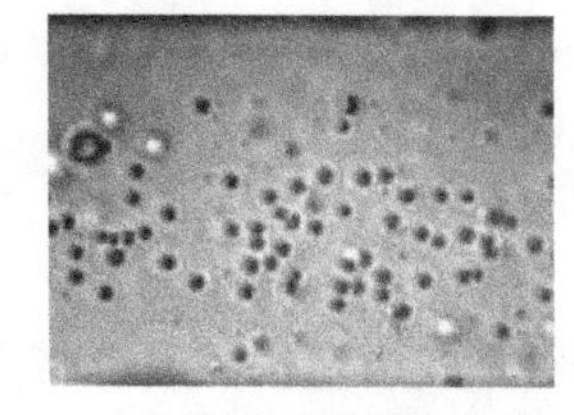

（b）微通道的中间部分

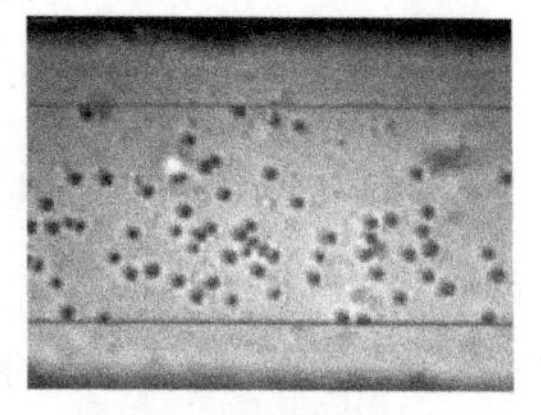

（c）微通道的后部

图 3.10　微通道中 0.5%的牛红细胞悬液的运动情况

从图 3.10 中，可以清楚地看到红细胞在微通道流中的惯性聚集行为，其平衡位置测得为 0.56，这与 Di Carlo 等的实验以及我们的预测非常吻合。在微通道的中部，可以部分观察到惯性聚集现象。从微通道的顶视图来看，大多数红细胞集中在中间区域周围，少量红细胞在通道壁附近流动，如图 3.10（b）所示。在微通道的后部，红细胞的惯性聚集现象很明显，主要在中部地区。在方形微通道中，由于只能观察到通道的俯视图，因此红细胞会在横截面的某个区域积聚，图 3.10（c）中聚集区域的上下边界（红线）代表了横断面宽度方向的聚集。两壁两侧的距离约为微通道宽度的四分之一，测得的位置为 0.56，与本模型的计算结果基本一致。

对于 0.25%的牛红细胞悬液，在微通道的前部，红细胞随机散布在通道的不同位置，并缓慢向前流动，如图 3.11（a）所示。

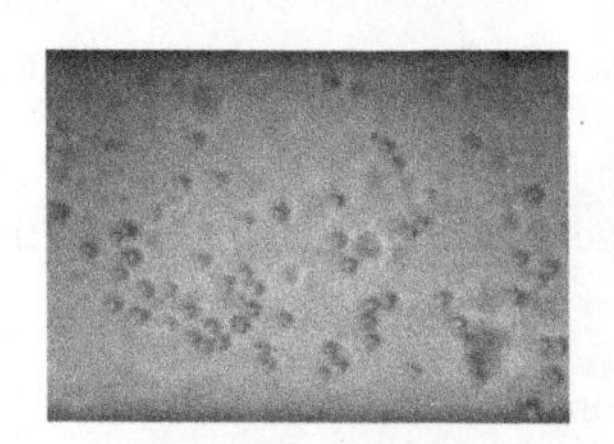

（a）微通道的前部

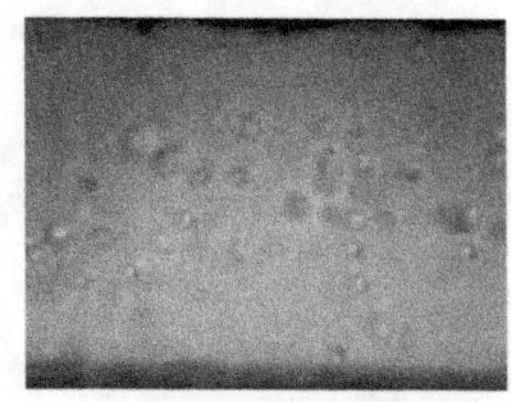

（b）微通道的中间部分

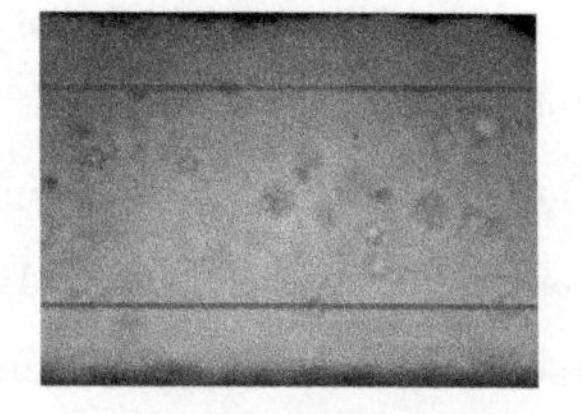

（c）微通道的后部

图 3.11　微通道中 0.25%的牛红细胞悬液的运动情况

微通道流中红细胞的惯性聚集位置接近 0.5%的红细胞悬液。类似于第一个实验，在微通道的中间部分，惯性聚集逐渐开始出现，但并不明显，如图 3.11（b）所示。在微通道的后半部分，可以观察到明显的聚集现象。聚集区域与第一次实验的观察结果相似，观察到的聚集位置与模型的计算结果接近，其聚集位置的测量结果为 0.58。由于细胞数量略少，观测值与计算值之间稍有偏差，如图 3.11（c）所示。

3.5 本章小结

分离细胞对临床和生物医学的应用都具有非常重要的意义[21, 22]。在形状描述的基础上，本章提出了一种确定红细胞惯性聚集位置的方法。通过进行建模，建立了红细胞大小与平衡位置的关系。实验验证表明了该模型的准确性，可以为提高细胞操控和分离的精度及效率提供参考。结果表明，实验结果与该模型有较好的一致性。但是，实验中也存在着一些问题。例如，微通道流动中的气泡会影响红细胞的迁移，而且随着实验的进行而出现细胞挂壁。因此有必要进一步改进，以获得更准确的实验结果，更好地完善预测模型。

参考文献

[1] Case D J，Liu Y，Kiss I Z，et al. Braess's paradox and programmable behaviour in microfluidic networks. Nature，2019，574：647-652.

[2] Di Carlo D. Inertial microfluidics. Lab on a Chip，2009，9（21）：3038-3046.

[3] Robinson M，Marks H，Hinsdale T，et al. Rapid isolation of blood plasma using a cascaded inertial microfluidic device. Biomicrofluidics，2017，11（2）：024109.

[4] Segre G，Silberberg A. Radial particle displacements in Poiseuille flow of suspensions. Nature，1961，189：209.

[5] Ho B P，Leal L G. Inertial migration of rigid spheres in two-dimensional unidirectional flows. Journal of Fluid Mechanics，1974，65（2）：365-400.

[6] Schonberg J A，Hinch E J. Inertial migration of a sphere in Poiseuille flow. Journal of Fluid Mechanics，1989，203：517-524.

[7] Asmolov E S. The inertial lift on a spherical particle in a plane Poiseuille flow at large channel Reynolds number. Journal of Fluid Mechanics，1999，381：63-87.

[8] Osiptsov A A，Asmolov E S. Asymptotic model of the inertial migration of particles in a dilute suspension flow through the entry region of a channel. Physics of Fluids，2008，20（12）：123301.

[9] Matas J P，Morris J F，Guazzelli É. Inertial migration of rigid spherical particles in Poiseuille flow. Journal of Fluid Mechanics，2004，515：171-195.

[10] Zhang J，Yan S，Yuan D，et al. Fundamentals and applications of inertial microfluidics：a review. Lab on a Chip，2016，16（1）：10-34.

[11] 唐文来，项楠，张鑫杰，等. 非对称弯曲微流道中粒子惯性聚焦动态过程及流速调控机理

研究. 物理学报，2015，64（18）：391-401.

[12]王企鲲，孙仁. 管流中颗粒“惯性聚集”现象的研究进展及其在微流动中的应用. 力学进展，2012，42（6）：692-703.

[13]Hur S C，Choi S E，Kwon S，et al. Inertial focusing of non-spherical microparticles. Applied Physics Letters，2011，99（4）：044101.

[14]Di Carlo D，Edd J F，Humphry K J，et al. Particle segregation and dynamics in confined flows. Physical Review Letters，2009，102（9）：094503.

[15]Yu Z T F，Aw Yong K M，Fu J. Microfluidic blood cell sorting：now and beyond. Small，2014，10（9）：1687-1703.

[16]Yu Z T，Cheung M K，Liu S X，Fu J. Accelerated biofluid filling in complex microfluidic networks by vacuum-pressure accelerated movement（V-PAM）. Small，2016，12（33）：4521-4530.

[17]Bunthawin S，Ritchie R J. Simulation of translational dielectrophoretic velocity spectra of erythrocytes in traveling electric field using various volume models. Journal of Applied Physics，2013，113（1）：014701.

[18]欧阳钟灿. 液晶生物膜理论. 中国科学院院刊，1994（2）：157-159.

[19]Funaki H. Contributions on the shapes of red blood corpuscles. The Japanese Journal of Physiology，1955，5：81-92.

[20]Vayo H W. Some red blood cell geometry. Can. J. Physiol Phar.，1983，61（6）：646-649.

[21]Warkiani M E，Khoo B L，Wu L D，et al. Ultra-fast，label-free isolation of circulating tumor cells from blood using spiral microfluidics. Nature Protocols，2016，11（1）：134-138.

[22]林炳承. 微流控芯片的研究及产业化. 分析化学，2016，44（4）：491-499.

第 4 章　两相流黏性模型和运动方程的改进

血管中的血液可视为由血浆和血细胞组成的两相流，红细胞是血细胞中数量最多的一种。当血细胞比容为 0 时，血液为牛顿流体，当血细胞比容大于 0.1 时，血液则表现出非牛顿流体的特性。随着切变率减少而黏度增高，血细胞比容越高，黏度越大，非牛顿特性也越显著。随着剪切率增加，血液流动性逐渐接近牛顿流体。

细胞浓度和剪切率会影响血液的流变特性。类似地，基础流体中添加球形纳米颗粒或柱状碳纳米管之后的纳米流体也会表现类似的特征。碳纳米管这类微圆柱体与流体间的相互作用会影响整体的流变特性。本章研究了它的流变特征，主要是与黏性相关的分析。考虑到时间、空间和运动变化相关的部分，通过构建几种附加力模型，并对比速度剪切的黏性力，改进了运动控制方程。

4.1　碳纳米管纳米流体的流变特性

4.1.1　两相流黏性模型

对于单壁碳纳米管，随着其长度的增加，碳纳米管间相互缠绕的概率变大，从而导致纳米流体整体黏度的增加。而对于多壁碳纳米管，当其长径比较小时，碳纳米管行为类似分子运动的方式，所以纳米流体的黏性增加较少。一般情况下，碳纳米管纳米流体会出现剪切变稀的现象[1, 2]。很低浓度下，加入碳纳米管后悬浮液的黏性比蒸馏水基液的要小，这是由于纳米颗粒的润滑效应[3]。Yamanoi 等用直接纤维模拟研究了碳纳米管在剪切流中剪切变稀和排列结构的变化[4]。较低剪切率下，流动会诱导出碳管的螺旋圈式运动，这与实验是相符的。在一定剪切率下，随着时间的变化测量的黏性会出现小幅值的上下波动[5]。随着剪切的增加[6]，团聚的碳纳米管会逐渐分离，分散的单个碳纳米管容易沿着流动方向运动，这两种因素促使悬浮液的整体黏性降低。随着温度的升高，碳纳米管纳米流体的黏性逐渐降低，其减小的方式和纯水相同。当质量分数较大时剪切变稀的效应比较明显。对于剪切变稀效应，低浓度时基液起主要作用，对于高浓度时，纳米颗粒和流体间的相互作用贡献较大[7]。

很多研究者提出了关于纳米流体的黏性模型。粒子体积分数较小时[8]，经典的液-固两相悬浮液的黏性为 $\mu_{\text{nf}}=(1+2.5\varphi)\mu_{\text{bf}}$。此式由 Einstein 导出，之后 Brinkman 拓展了该模型[9]，得到的黏性为 $\mu_{\text{nf}}=\dfrac{1}{(1-\varphi)^{2.5}}\mu_{\text{bf}}$。考虑到布朗运动的影响和粒子对间的相互作用，Batchelor[10]给出黏性的表达式为 $\mu_{\text{nf}}=(1+2.5\varphi+6.2\varphi^2)\mu_{\text{bf}}$。实际上，上述三种模型比较适合于常规大小球状颗粒的两相流。

较高颗粒浓度下，如果不考虑颗粒团聚的影响，黏性可由下式计算[11]

$$\mu_{\text{nf}}=\left(1-\frac{\varphi}{\varphi_m}\right)^{-\alpha\varphi_m}\mu_{\text{bf}} \tag{4.1}$$

其中 α 为 Einstein 系数，φ_m 为黏性无限大时对应的粒子体积分数。更实用的 Maron-Pierce 方程为 $\mu_{\text{nf}}=\left(1-\dfrac{\varphi}{\varphi_m}\right)^{-2}$，该公式可以预测纤维状颗粒悬浮液[12]。考虑到碳纳米管团聚的影响[13]，有效的体积分数可以表示为 $\varphi_a=\varphi\left(\dfrac{a_a}{a}\right)^{3-D}$，其中 a_a 为颗粒的团聚半径，这样修正的 Maron-Pierce 方程[14]可以写为 $\mu_{\text{nf}}=\left(1-\dfrac{\varphi_a}{\varphi_m}\right)^{-2}\mu_{\text{bf}}$。事实上，碳纳米管的浓度、长径比、流体的温度和剪切应变率都会影响碳纳米管悬浮液的流变学特征。

4.1.2　碳纳米管纳米流体的相对黏性

考虑碳纳米管在流体中的取向性以及随着剪切应变率的变化，这里给出对应的黏性模型。

温度对碳纳米管悬浮液黏性的影响，主要是由于基液黏性随温度的变化而变化，因为其变化趋势是一致的，这一点在很多研究中都有体现[15]。

1. 长径比的影响

长径比对碳纳米管纳米流体的影响，一般来说长径比越大，纳米流体的黏性也增加。长径比越长可以看作等效的纳米颗粒团聚程度越多。圆柱体体积为底面积乘以高，球的体积与半径呈三次立方关系。颗粒团聚的有效半径是由圆柱体和

球的等效体积得出的，它可以用以下公式计算

$$\pi a^2 l = \frac{4}{3}\pi a_p^3 \tag{4.2}$$

上式中有效半径$a_p = \left(\frac{3}{4}R_c\right)^{1/3} a$，其中$R_c$为长径比。从体积相等来看，对应的有效半径为$a_p$。对于一维情况，粒子串在一起，对于三维维度，粒子堆积在一起。换句话说，在一维中颗粒是在左右相邻有两个颗粒的情况下，球状颗粒聚集在一起，而三维的情况是左右、前后、上下周围有六个粒子，属于立体的情况，所以等效的三维有效半径a_c应该为之前的三分之一。换句话说，实际中三维的颗粒团聚和一维碳纳米管的区别为$a_c = \frac{1}{3}a_p$，该式的适用条件为长径比在1000以内。

2. 剪切变稀效应

随着剪切应变率的增加，团聚的碳纳米管会逐渐分离为分散的状态，之后单个碳纳米管会趋向于顺着流动方向向前运动，随着应变率的增加，碳纳米管的取向发生变化，剪切平面上的取向趋于流向，如图4.1所示。此外，均匀流动的平面上取向度也显著增加，前者的取向度约为后者的两倍[16]，而垂直流动的平面上变化不大，碳纳米管溶液的黏性存在各向异性特征，总体黏性随剪切应变率的增加而减小。

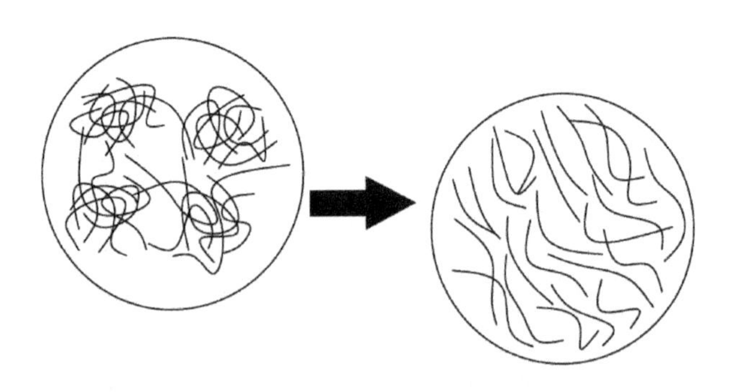

图4.1 碳纳米管纳米流体中的剪切变稀过程示意图

当应变率不太低时，碳纳米管纳米流体的剪切变稀过程遵循$(\mu_{\mathrm{nf}} - \mu_{\mathrm{bf}}) \propto \dot{\gamma}^h$的关系式。它们的关系主要受到体积分数和长径比的影响。体积分数越高，剪切效应越明显。长径比越大，剪切效应越明显。不同温度下绝对黏度随剪切率的变化略有不同，这主要源于基液本身随温度的变化，而相对黏度随剪切率的变化几乎不受温度影响[15]。结合以往研究的一些经典实验结果，比如文献[15]中的图6，

文献[17]中的图 5 和文献[2]中的图 4，来进行综合分析。实验中的指数 h 和体积分数的关系近似于双曲切线，系数 50 是实验数据的平均结果。长径比越大，剪切变稀效应越明显，指数与长径比呈线性关系。对于临界长径比 R_{c0}，通常选用 200 作为标准。当长径比为 200 时，作用系数为 1.0。对于临界剪切率，由于实验中的剪切率通常大于 0.2，所以选择 0.2 作为起始值。因此，幂指数 h 随体积分数的变化遵循 $h \propto \tanh(50\varphi)$，幂指数随长径比的变化近似线性增长 $h \propto \dfrac{R_c + R_{c0}}{5R_{c0}}$，$R_{c0}$ 取为 200。由于极限情况的指数为−0.75，所以 $h = -0.75\tanh(50\varphi)\dfrac{R_c + R_{c0}}{5R_{c0}}$。定义临界剪切率 $\dot{\gamma}_0$，它代表相对黏性最大对应的应变率，这里 $\dot{\gamma}_0 = 0.2$，也就是参考的起始点。考虑到碳纳米管的有效团聚半径，这样纳米流体的相对黏性为

$$\frac{\mu_{\rm nf}}{\mu_{\rm bf}} = \left(\left(1 - \frac{\varphi_a}{\varphi_m}\right)^{-2} - 1\right)\left(\frac{\dot{\gamma}}{\dot{\gamma}_0}\right)^h + 1 \tag{4.3}$$

其中 $\varphi_a = \varphi\left(\dfrac{a_c}{a}\right)^{3-D}$。

4.1.3　模型对比验证

作为模型的验证，选取实验数据[17]进行对比。图 4.2 为聚异丁烯（PIB）流体分散有多壁碳纳米管的情况，碳纳米管的长径比平均为 200，D 为 1.8，φ_m 为 4.5%。实际上，分形指数 D 取决于团聚形态、颗粒的大小和形状以及剪切条件。对于含有团聚纳米管的纳米流体，D 从 1.5 变化到 2.45[18]。对于球形颗粒，一般取值为 2.1[13, 19, 20]。对于碳纳米管纳米流体，体积分数范围（0.4%～3.0%）比较大，团聚效应比较明显，因此取 1.5～2.1 的平均值 1.8。可以看出，随着体积分数的增加，黏性也是增加的，并且在很大的剪切率范围内，黏性与剪切率呈幂律关系。剪切率的有效范围为 0.1～10s^{-1}，体积分数为 0.4%～3%。对于过小或过大的体积分数，差异相对较大。通过对比可以发现，本章的预测公式与有效黏性实验数据在一定的剪切率范围内还是相当符合的。

对于低浓度的碳纳米管纳米流体，与 Murshed 和 Estellé[21]论文中图 4.3 的具体数据进行比较。碳纳米管的长径比平均约为 75，该数据来源于 Ding 等的研究[22]。由于重量百分比为 0.1%，因此体积分数为 0.048%。从图 4.3 中可以看出，虽然斜率和趋势相似，但理论预测值比实验数据要小。这主要是由于体积分数太小，

碳纳米管的聚集和剪切变稀过程与理论预测不同，所以差异相对较大。因此该关联式不适合于浓度很低的纳米流体。具体可见图 4.2 和图 4.3。

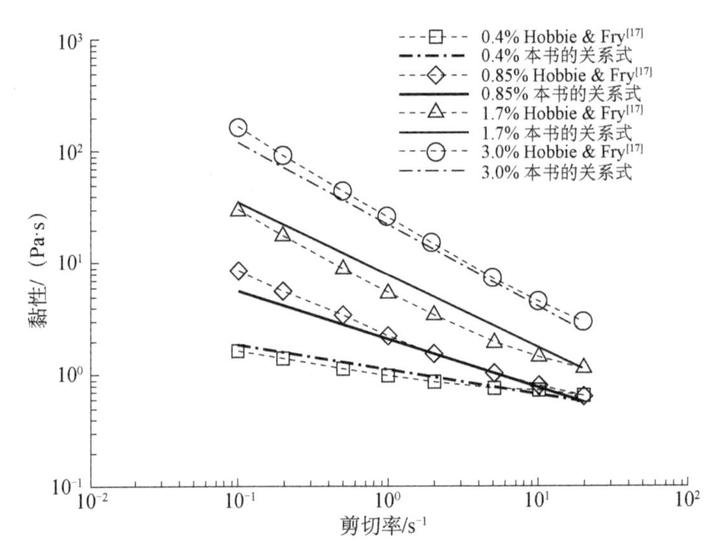

图 4.2　碳纳米管纳米流体的黏性随剪切速率的变化关系

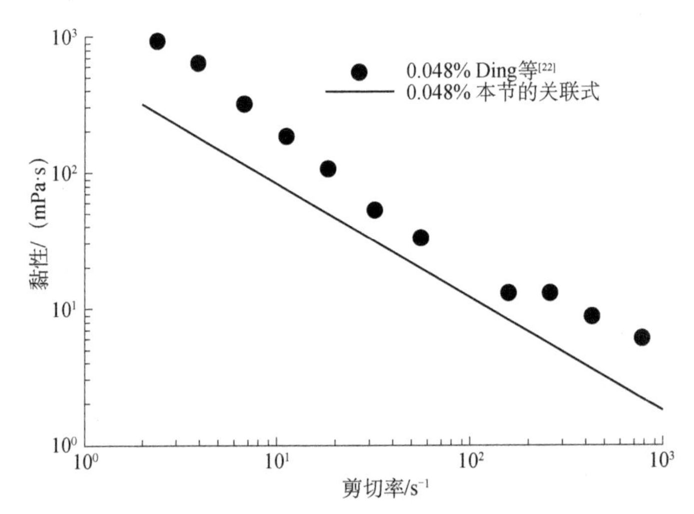

图 4.3　一定体积分数下，碳纳米管纳米流体的黏性与剪切速率的关系[22]

考虑到碳纳米管在流体中的取向和剪切率变化的影响，这里提出了一个与流变性相关的黏性模型。在较大的范围内，黏性与剪切率呈幂律关系。幂律指数主要取决于碳纳米管的体积分数和长径比，而温度对基础流体的黏性影响较大。

4.2　改进的一种不可压缩流体运动模型方程

实际上，不仅颗粒流体两相流（比如 4.1 节中的碳纳米管纳米流体）具有复杂的特性和运动机制，单相流本身也呈现出丰富多彩、充满活力的形貌。事实上，流体各种复杂的运动形式和过程都可以用流体运动方程来描述。在经典的运动方程中，流体所受的黏性力，源于牛顿黏性定律，即应力与剪切率呈线性变化关系。在实际流动过程中，由于流动的非定常性、流体微元的旋转、速度的二次剪切变化等因素，流体受到的剪切作用力，不应只是完全遵循单纯的牛顿剪切黏性定律。基于此，本节给出了和时间变化相关的附加黏性力部分以及历史效应、和空间变化有关的附加部分、和旋转运动相关的部分。本节给出了四个部分对应的受力表达式，分析了四个附加力部分对流体的作用特征，前两个部分对于流体微元的非定常运动有影响，后两个部分对于流体的横向运动有作用。基于上述分析，给出了含有修正黏性力的 N-S 方程。对几种附加力进行了比较，分析了它们对流动过程的影响。

4.2.1　流体运动方程

经典的流动过程通常包含复杂的运动状态，比如湍流、旋涡分离流等[23]。它们在航空航天、能源开发和大气海洋等领域有很大的应用价值[24]。由于其复杂的流动过程和机理，某些现象目前还是经典物理中比较难解决的问题[25]。

通常有两种思路来改进描述流体运动的控制方程：一是将流体速度分解为平均和脉动分量，两者分别满足各自的运动方程[26]；二是构造接近实际的应力应变的本构关系，比如建立非线性模型[27]或是增加附加黏性系数[28]。

在实际流动过程中，由于流动过程的瞬时非定常性和连续非定常特征，速度剪切变化往往伴随着大大小小的旋涡，流体的应变率有剪切变化特征等因素，流体微元受到周围流体的作用力，流体间的内摩擦不应只是遵循单纯的牛顿剪切黏性定律。基于此，本章提出流体在运动过程中会受到四种附加力的作用，并给出了改进的运动控制方程。

4.2.2　速度相关的附加作用力

1. 非定常附加力

非定常附加力为第一部分，因为流体微元在变速运动过程中，会带动周围流体以非恒定的速度运动[29]，这部分流体反作用在参考流体上，会产生一部分随时间变化的作用力。考虑局部流体微元为典型的球形，具有各向同性特征（其他的比如圆柱为各向异性），与时间变化相关的附加力为

$$f_u^A = \frac{1}{2}\frac{\partial(u-\overline{u})}{\partial t} \tag{4.4}$$

该力等效于附加质量力，其中 $\overline{u}$ 为局部点的空间平均速度。局部流体微元采用球形（各向同性），系数取为 $\frac{1}{2}$。因此，附加质量的作用只是增加了物体的惯性，它并不耗散球体变速冲击的能量。由于附加质量与流体质量成正比，其物理效应与加速度为 g 量级的运动物体的浮力效应相当。

2. *历史附加力*

第二部分为历史附加力。当流体微元在实际有黏流体中做直线变速运动时，该流体附近剪切层的影响将带着周围的部分流体运动。由于惯性作用，当参考流体加速或减速时，它们不能马上同步响应。这样，由于流体周围剪切层的不稳定，会使流体受到一个与响应时间有关的作用力，而且与流体加速的历程有关。也就是说，考虑到运动的发展和作用力的变化有一定的延迟和积累效应，流体在运动过程中会受到与黏性相关的“历史”力作用。该流体作用的“历史”力为

$$f_u^H = 9\sqrt{\frac{\nu}{\pi}}\int_{t_0}^{t}\frac{\frac{\partial}{\partial \tau}\left(\frac{\partial u}{\partial y}\right)}{\sqrt{t-\tau}}\mathrm{d}\tau + 9\sqrt{\frac{\nu}{\pi}}\int_{t_0}^{t}\frac{\frac{\partial}{\partial \tau}\left(\frac{\partial u}{\partial z}\right)}{\sqrt{t-\tau}}\mathrm{d}\tau + 9\sqrt{\frac{\nu}{\pi}}\int_{t_0}^{t}\frac{\frac{\partial}{\partial \tau}\left(\frac{\partial u}{\partial x}\right)}{\sqrt{t-\tau}}\mathrm{d}\tau \tag{4.5}$$

历史效应的影响可以类比 Basset 力[30]。该力是由相对速度随时间的变化而导致交界面剪切层发展滞后，所产生的非恒定气动力，该力大小与局部流体的运动经历有直接关系，所以该力又称为“历史”力。该力的方向与剪切力增加的方向相反。上式中右边的第三项类似于附加压力梯度的作用。

3. *旋转附加力*

旋转附加力源于流体横向的速度梯度，使得流体微元两侧的相对速度有所不同，可引起微元的旋转运动。雷诺数较低时，旋转将促进周围流体运动，使相对速度较大的一侧的流体速度提升，压强降低，同时另一侧的流体运动变慢，压强提高，这样，容易使流体向较快的一侧运动，这类似马格努斯效应[31]，使流体横向移动的力称旋转附加力，即 f_u^R。

以一个方向为例，对于以速度 u 运动的流体微元，与旋转相关的流体作用升力为

$$f_u^R = \frac{3}{4}\left|(\nabla\times V)_x\right|(u-\bar{u}) = \frac{3}{4}\omega_x(u-\bar{u}) \tag{4.6}$$

局部流体相对周围流体做旋转运动，它会受到与转轴垂直的升力作用。

4. 梯度附加力

梯度附加力也称为剪切附加力。流体在有速度梯度剪切变化的流场中，既使微元不旋转，也会受到与流向垂直的升力作用。速度梯度的剪切作用引起的附加力为

$$f_u^S = 9.72\frac{\sqrt{\nu}}{\pi}\left(\frac{\partial u}{\partial y}\right)\sqrt{\left|\frac{\partial u}{\partial y}\right|} + 9.72\frac{\sqrt{\nu}}{\pi}\left(\frac{\partial u}{\partial z}\right)\sqrt{\left|\frac{\partial u}{\partial z}\right|} + 9.72\frac{\sqrt{\nu}}{\pi}\left(\frac{\partial u}{\partial x}\right)\sqrt{\left|\frac{\partial u}{\partial x}\right|} \tag{4.7}$$

速度梯度的剪切变化，对流体有升力的作用，这与速度的剪切变化引起的升力有类似之处[32]。上式中的第三项同样类似于附加压力梯度的作用。

将上述附加作用力放到流体运动方程的右端，可以得到改进的运动控制方程，如下

$$\frac{\partial u}{\partial t} + u\frac{\partial u}{\partial x} + v\frac{\partial u}{\partial y} + w\frac{\partial u}{\partial z} = \nu\left(\frac{\partial^2 u}{\partial x^2} + \frac{\partial^2 u}{\partial y^2} + \frac{\partial^2 u}{\partial z^2}\right) - \frac{1}{\rho}\frac{\partial p}{\partial x} + f_u^A + f_u^B + f_u^R + f_u^S \tag{4.8}$$

4.2.3　各附加力的分析对比

一般情况下，上述几部分与时间和空间变化的作用力，具有不同的数量级。某些条件下可以忽略比较复杂的作用力形式，便于流体运动方程的理论分析和求解。另一方面，实际流动过程具有较强的非定常和非均匀特征，需要考虑上述几种作用力，将其与黏性阻力进行比较是有意义的。假设速度剪切率（应变率）随时间的变化是常数，可由差分表示。

由

$$f_u^A = \frac{1}{2}\frac{\partial(u-\bar{u})}{\partial t},\quad f_u^\tau = \nu\frac{\partial}{\partial y}\left(\frac{\partial u}{\partial y}\right)$$

则

$$\frac{f_u^A}{f_u^\tau} = \frac{1}{2}\frac{(\Delta y)^2}{\nu}\frac{\frac{\partial}{\partial t}\left(\frac{\partial u}{\partial y}\right)}{\frac{\partial u}{\partial y}} \tag{4.9}$$

其中 Δy 为流体运动变化的特征长度，当 $f_u^A / f_u^\tau \geqslant 0.1$ 时，非定常附加力与黏性力为同量级。水在常温下的运动黏性系数 $\nu = 1\times10^{-6}\mathrm{m}^2/\mathrm{s}$，如果特征长度取为

0.2mm，那么速度剪切随时间的变化率与速度剪切应满足$\frac{\partial}{\partial t}\left(\frac{\partial u}{\partial y}\right) > 2.5s^{-1}\frac{\partial u}{\partial y}$，此时需要考虑非定常附加力的影响。

由

$$f_u^H = 9\sqrt{\frac{\nu}{\pi}}\int_{t_0}^{t}\frac{\frac{\partial}{\partial \tau}\left(\frac{\partial u}{\partial y}\right)}{\sqrt{t-\tau}}\mathrm{d}\tau, \quad f_u^{\tau} = \nu\frac{\partial}{\partial y}\left(\frac{\partial u}{\partial y}\right)$$

可得

$$\frac{f_u^H}{f_u^{\tau}} = \frac{9\sqrt{\frac{\nu}{\pi}}\int_{t_0}^{t}\frac{\frac{\partial}{\partial \tau}\left(\frac{\partial u}{\partial y}\right)}{\sqrt{t-\tau}}\mathrm{d}\tau}{\nu\frac{\partial}{\partial y}\left(\frac{\partial u}{\partial y}\right)} = \frac{9}{\sqrt{\nu\pi}\frac{\partial}{\partial y}\left(\frac{\partial u}{\partial y}\right)}\int_{t_0}^{t}\frac{\frac{\partial}{\partial \tau}\left(\frac{\partial u}{\partial y}\right)}{\sqrt{t-\tau}}\mathrm{d}\tau = \frac{9}{\sqrt{\nu\pi}}\frac{\Delta y}{\sqrt{t-t_0}} \tag{4.10}$$

对于$\frac{f_u^H}{f_u^{\tau}} > 1$，如果特征长度取为0.02mm，则时间$t < 0.1\mathrm{s}$。若流动的特征速度为2m/s，则在$t = 0.1\mathrm{s}$时段内流体移动的特征距离为0.2m，因此一般流动中历史附加力的影响较小。

由$f_u^R = \frac{3}{4}(\nabla \times u)(u - \bar{u})$，$f_u^{\tau} = \nu\frac{\partial}{\partial y}\left(\frac{\partial u}{\partial y}\right)$，两者相除

$$\frac{f_u^R}{f_u^{\tau}} = \frac{3}{4\nu}\left|(\nabla \times V)_x\right|(\Delta y)^2 \tag{4.11}$$

同样地Δy为流体运动变化的特征长度，当$f_u^R / f_u^{\tau} \geqslant 0.1$时，旋转附加力与黏性力为同量级，水在常温下的运动黏性系数$\nu = 1\times 10^{-6}\,\mathrm{m}^2/\mathrm{s}$，如果特征长度取为0.2mm，流体的速度旋度须满足$\omega > 3.33\,\mathrm{s}^{-1}$。

剪切附加力与黏性力之比

$$\frac{f_u^S}{f_u^{\tau}} = \frac{9.72\frac{\sqrt{\nu}}{\pi}\left(\frac{\partial u}{\partial y}\right)\sqrt{\left|\frac{\partial u}{\partial y}\right|}}{\nu\frac{\partial}{\partial y}\left(\frac{\partial u}{\partial y}\right)} \tag{4.12}$$

若要$f_u^S / f_u^{\tau} = 1$，速度梯度与速度梯度的剪切率须满足$\left|\frac{\partial u}{\partial y}\right| = 4.7\times 10^{-3}\,\mathrm{m/s}^{\frac{1}{2}}$

$\left|\frac{\partial}{\partial y}\left(\frac{\partial u}{\partial y}\right)\right|$，此时剪切附加力与黏性力相当，剪切附加力更容易使流体向速度梯度较大的方向运动。

4.3　本章小结

碳纳米管纳米流体的有效黏性受流体温度和碳纳米管浓度的影响。碳纳米管在溶液中会出现团聚特征以及单个碳管的取向性会引起复杂的流变学特性。随着剪切应变率的增加，碳纳米管的分散度和取向度都会升高。在一定的剪切应变率范围内，黏度与剪切应变率有近似的幂律关系。分析表明，幂律指数主要受体积分数和长宽比等参数的影响。给出了幂律指数与上述两个参数的表达式。基于此，本章在前人研究的基础上，给出了一个较为合理的碳纳米管纳米流体的黏性表达式。该黏性公式与应变率和碳纳米管的长径比相关。通过与相关实验数据进行对比，验证了该公式的有效性。

另一方面，基于流场的非定常性、流体微元的有旋性、速度梯度的剪切变化特征，提出流体微元在运动过程中会受到几种附加作用力的观点。分析得到，给出了四种附加作用力的表达式，以及流体的作用特征。通过初步分析，比较了附加作用力与黏性力的大小，明确了需要考虑相关作用力的情况[33]。通过把相关附加力加到流体运动方程中，获得了一种改进的流体运动方程。改进的控制方程可以为复杂流动的研究提供帮助和启发。

参考文献

[1] Fan Z H，Advani S G. Rheology of multiwall carbon nanotube suspensions. J Rheol，2007，51（4）：585-604.

[2] Ma A W K，Chinesta F，Mackley M R，et al. The rheological modelling of carbon nanotube（CNT）suspensions in steady shear flows. Int J Mater Form，2008，1：83-88.

[3] Chen L F，Xie H Q，Yu W，et al. Rheological behaviors of nanofluids containing multi-walled carbon nanotube. Journal of Dispersion Science and Technology，2011，32：550-554.

[4] Yamanoi M，Leer C，van Hattum F W J，et al. Direct fibre simulation of carbon nanofibres suspensions in a Newtonian fluid under simple shear. Journal of Colloid and Interface Science，2010，347：183-191.

[5]Lin C，Shan J W. Ensemble-averaged particle orientation and shear viscosity of single-wall-carbon-nanotube suspensions under shear and electric fields. Physics of Fluids，2010，22：022001.
[6]Ruan B L，Jacobi A M. Ultrasonication effects on thermal and rheological properties of carbon nanotube suspensions. Nanoscale Research Letters，2012，7：127-140.
[7]Luo P C，Wu H，Morbidelli M. Dispersion of single-walled carbon nanotubes by intense turbulent shear in micro-channels. Carbon，2014，68：610-618.
[8]Einstein A. Investigations on the Theory of the Brownian Movement. New York：Dover Publications，1956.
[9]Brinkman H C. The viscosity of concentrated suspensions and solutions. J. Chem. Phys.，1952，20：571-581.
[10]Batchelor G. The effect of Brownian motion on the bulk stress in a suspensions of spherical particles. J. Fluid Mech.，1977，83：97-117.
[11]Krieger I M，Dougherty T J. A mechanism for non-Newtonian flow in suspensions of rigid spheres. J. Trans. Soc. Rheol.，1959，3：137-152.
[12]Mueller S，Llewellin E W，Mader H M. The rheology of suspensions of solid particles. Proc of the Royal Society A，2010，466：1201-1228.
[13]Chen H，Ding Y，Lapkin A A，et al. Rheological behaviour of ethylene glycol-titanate nanotube nanofluid. J. Nanopart. Res.，2009，11：1513-1520.
[14]Estelle P，Halelfadl S，Doner N，et al. Shear history effect on the viscosity of carbon nanotubes water-based nanofluid. Current Nanoscience，2013，9（2）：225-230.
[15]Halelfadl S，Estelle P，Aladag B，et al. Viscosity of carbon nanotubes water based nanofluids：influence of concentration and temperature. International Journal of Thermal Sciences，2013，71：111-117.
[16]Pujari S，Rahatekar S S，Gilman J W，et al. Orientation dynamics in multiwalled carbon nanotube dispersions under shear flow. Journal of Chemical Physics，2009，130：214903.
[17]Hobbie E K，Fry D J. Rheology of concentrated carbon nanotube suspensions. J. Chem. Phys.，2007，126：124907.
[18]Chen H，Witharana S，Jin Y，et al. Predicting thermal conductivity of liquid suspensions of nanoparticles（nanofluids）based on rheology. Particuology，2009，7：151-157.
[19]Mohraz A，Moler D B，Ziff R M，et al. Effect of monomer geometry on the fractal structure of colloidal rod aggregates. Phys. Rev. Lett.，2004，92：155503.
[20]Lin J M，Lin T L，Jeng U，et al. Fractal aggregates of the Pt nanoparticles synthesized by the polyol process and poly（N-vinyl-2-pyrrolidone）reduction. J. Appl. Crystallogr.，2007，40：540-543.

[21] Murshed S M S，Estellé P. A state of the art review on viscosity of nanofluids. Renewable Sustainable Energy Rev.，2017，76：1134-1152.

[22] Ding Y，Alias H，Wen D，et al. Heat transfer of aqueous suspensions of carbon nanotubes（CNT nanofluids）. Int. J. Heat Mass Transf.，2006，49：240-250.

[23] Avila K，Moxey D，de Lozar A，et al. The onset of turbulence in pipe flow. Science，2011，333：192-196.

[24] Vassilicos J C. Dissipation in turbulent flows. Annual Review of Fluid Mechanics，2015，47：95-114.

[25] Karimpour F，Venayagamoorthy S K. A revisit of the equilibrium assumption for predicting near-wall turbulence. Journal of Fluid Mechanics，2014，760：304-312.

[26] Pope S B. Turbulent Flows. Cambridge：Cambridge University Press，2000.

[27] Osth J，Noack B R，Krajnovic S，et al. On the need for a nonlinear subscale turbulence term in POD models as exemplified for a high-Reynolds-number flow over an Ahmed body. Journal of Fluid Mechanics，2014，747：518-544.

[28] Lee J，Jung S Y，Sung H J，Zaki T A. Effect of wall heating on turbulent boundary layers with temperature-dependent viscosity. Journal of Fluid Mechanics，2013，726：196-225.

[29] Lugni C，Bardazzi A，Faltinsen O M，et al. Hydroelastic slamming response in the evolution of a flip-through event during shallow-liquid sloshing. Physics of Fluids，2014，26：032108.

[30] Candelier F，Angilella J R，Souhar M. On the effect of inertia and history forces on the slow motion of a spherical solid or gaseous inclusion in a solid-body rotation flow. Journal of Fluid Mechanics，2005，545：113-139.

[31] van Hout R. Spatially and temporally resolved measurements of bead resuspension and saltation in a turbulent water channel flow. Journal of Fluid Mechanics，2013，715：389-423.

[32] Yang R J，Hou H H，Wang Y N，et al. A hydrodynamic focusing microchannel based on micro-weir shear lift force. Biomicrofluidics，2012，6：034110.

[33] Dong S L，Wu S P. A modified Navier-Stokes equation for incompressible fluid flow. Procedia Engineering，2015，126：169-173.

第5章　热泳分离的相关力及传热的特别过程

如第3章和第4章介绍的，流体动量本身是驱使颗粒或细胞运动的主要原因。事实上，也可以采用其他动力源，比如与热相关的温度场来驱动，即温度梯度作用下，操控颗粒的热泳过程。

热泳效应在微流动分离技术和胶态晶体生长等领域有许多重要的应用。本章基于流场中温度梯度的非定常变化特征，提出颗粒在流体中会受到热泳冲力的作用。该力与热泳现象中的粒子运动相关但不同于通常的热泳力。本章介绍了求解得到该热泳冲力的思路，该力由与温度梯度变化相关的无黏和黏性两部分组成；比拟颗粒在非定常流动中会受到流体作用的附加质量力和 Basset 力，给出了颗粒在非定常温度梯度作用下受到的热泳冲力的表达式。本章指出该热泳冲力与流场温度随时间的变化率以及历史效应均相关。

5.1　作用在粒子上的热泳冲力

5.1.1　热泳运动的影响因素

影响热泳力大小的因素包括颗粒的热导率、周围流体的温度和黏性、粒子运动形态以及流动状态等。热泳迁移率随流体温度近似呈线性增加，而随颗粒大小的变化关系没有确定的结论。由于液体中的热泳作用复杂，所以液体、颗粒分子之间耦合的作用，双电层的形成与其相互影响以及颗粒表面附近温度梯度如何转化为热泳力的机理，目前还没有清楚的认识，有待开展深入的研究。在理论上，Epstein[1]计算了滑移流区内的热泳力和热泳速度。运用速度滑移和温度跳跃边界条件，Brock[2]求解连续介质方程得到了滑移流区热泳力的表达式。通过选取合适的动量和热调节系数，Talbot 等[3]使得 Brock 的公式在整个滑移流区到自由分子流区与实验数据符合得都很好。基于线性化的 BGK 模型方程，Beresnev 和 Chernyak[4]导出了粒子的热泳力公式，它在特殊的情况下会退化到 Waldmann 的表达式[5]。Sagot[6]通过对比以前研究者的理论公式和实验数据，发现 Beresnev 和

Chernyak 的模型更准确地预测了调节系数的影响。

大多数的研究考虑的热泳运动只取决于温度梯度的空间变化[7]，并认为热泳力正比于温度梯度，而这与实际是有区别的。实际流场中的温度梯度一般随时间发生变化，流体中颗粒的运动方式也是非定常的，热泳作用也并不应该只包含热泳力这一单一的方式。一般对于具有实际温度分布的流体内部，温度随时间变化的原因主要有两个：一是颗粒的旋转和平移引起附近流体温度的变化；二是流体的传热和颗粒的导热过程引起的温度改变。促进初始颗粒转动的因素较多，比如射流的剪切效应，颗粒的质心和体心有偏离等。只采用温度梯度的关联式来表示存在的热泳力是不够的。基于此，本章提出了热泳冲力的概念，并指出温度场随时间发生变化时，存在与非定常温度梯度相关的热泳冲力。

5.1.2　热泳冲力的表达和分析

考虑某一时刻流体内存在一具有典型梯度的温度分布，初始温度梯度场中的粒子，如图 5.1 所示，其中的温度梯度随时间不断发生变化。温度梯度场中的粒子受到的热泳冲力，如图 5.2 所示。

图 5.1　初始温度梯度场中的粒子

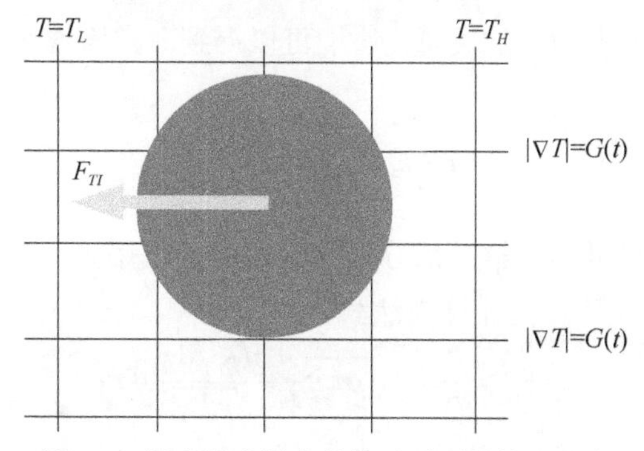

图 5.2　温度梯度场中的粒子受到的热泳冲力

可以按照典型的思路求解方程获得热泳冲力的表达式。一般地，可以采用温度的拉普拉斯方程和速度的斯托克斯方程联合进行求解。求解温度的拉普拉斯方程时，注意到温度的远场边界除含有余弦函数项外还含有温度的变化率项。

鉴于上述求解过程的复杂性，这里采用类比的方法得到热泳冲力的表达式。在均匀温度梯度下，粒子所受的流体热泳力可以看作均匀来流中粒子受到流体的阻力，流体速度为颗粒等效的热泳速度。而在非定常温度梯度作用下，颗粒受到的热泳冲力可以类比为均匀速度流场中粒子受到的非定常阻力，包括附加质量力和 Basset 力。

热泳力的表达式为

$$F_T = -\frac{6\pi d_p \mu^2 C_s (K + C_t Kn)}{\rho(1+3C_m Kn)(1+2K+2C_t Kn)} \frac{1}{T} \nabla T \tag{5.1}$$

其中 d_p 为粒子直径；μ 为流体黏度；Kn 为努森数；T 为温度；C_t，C_m 代表热交换系数；C_s 代表热滑移系数；K 表示粒子与流体的热导率之比[5]。

热泳力的大小可以表示为

$$F_T = 3\pi \mu d_p U_T \tag{5.2}$$

其中等效的流体作用速度为 U_T，由热泳力的表达式（5.1），得该速度为

$$U_T = \frac{2\mu C_s (K + C_t Kn)}{\rho(1+3C_m Kn)(1+2K+2C_t Kn)} \frac{1}{T} |\nabla T| = B|\nabla T| \tag{5.3}$$

颗粒在流体中做变速运动时，流体作用力除了 Stokes 阻力之外还有附加质量力和 Basset 力。这些力在湍流中颗粒的沉降[8]、通过水柱自由落体的颗粒聚集[9]、在静止黏性液体中气泡的上升[10]等方面发挥了重要作用，并有助于设计清洁反应器[11]。物体受到的非定常作用力[12]在船舶推进和能源存储及输运方面有广泛的应用价值。

比拟作用在颗粒上的附加质量力[13]，可以得到非定常温度梯度引起的第一部分为无黏的作用力

$$F_{TI}^A = \frac{1}{12}\pi d_p^{\ 3} \rho \frac{\mathrm{d}U_T}{\mathrm{d}t} \tag{5.4}$$

非定常温度梯度引起的第二部分为黏性相关的作用力，相当于变速颗粒在流体中受到的 Basset 力[14]，其计算表达式为

$$F_{TI}^B = \frac{3}{2} d_p^{\ 3} \sqrt{\rho \pi \mu} \int_0^t \frac{\mathrm{d}U_T / \mathrm{d}\tau}{\sqrt{t-\tau}} \mathrm{d}\tau \tag{5.5}$$

热泳冲力第一部分的物理意义代表颗粒相对无黏流场做变速热泳运动时，也要带动一部分流体做相同加速度的非定常运动，而这部分附着于颗粒上的流体体积正好等于颗粒体积的一半。热泳冲力的第二部分表示颗粒相对流体做非定常运动时所受的附加黏性作用的时间积分项。实际上，对于颗粒在流体中的运动情况，温度梯度的时间变化率与温度梯度乘上平均热泳速度再除以颗粒尺寸的大小相当时，需要考虑热泳冲力的影响。

5.1.3 热泳冲力的理解

事实上，也可以通过下面这个简易的过程对热泳冲力进行近似的解释。如图 5.3 所示，温度梯度随着时间发生变化，相当于颗粒附近的温度梯度具有非均匀的空间分布，如图中所示，梯度具有渐进变化特征，热泳力和热泳冲力的合力相当于热泳合力的两个分量，方便起见，这里只分析了瞬时变化的影响，对于时间积分项也可以做类似的解释。

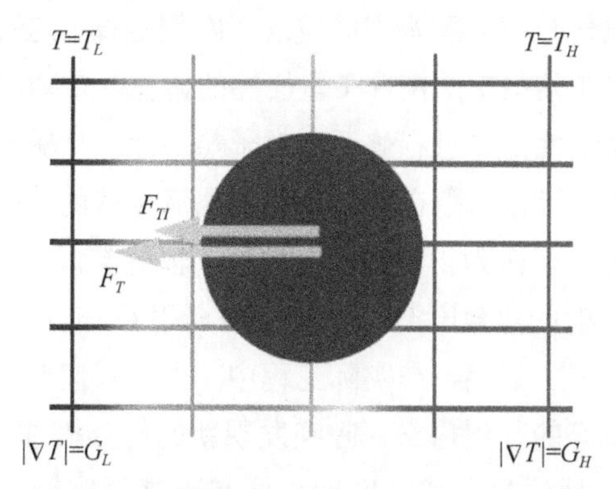

图 5.3　等效温度梯度场中粒子受到的热泳相关力

基于流场中温度梯度的非定常性，这里提出存在与热泳过程相关的热泳冲力；给出了具体求解思路和热泳冲力的表达式；从温度场时空变换的角度解释了该冲力的来源；指出该热泳冲力不仅与温度梯度的变化率有关，还与时间积分有关[15]。后续有待进一步开展定量实验和应用研究。

5.2 传热新方式的探讨

不同于传统常见书籍中的内容介绍，本节和 5.3 节更多一些分析假设和探索性的说明，尽管结论从长远来看可能有不足之处，但是希望对读者有所启发和帮助。

传统的传热机理，包括热传导、热对流和热辐射，与新能源的利用密切相关。然而，在传热和太阳能的利用中，为满足对提高传热和太阳能利用效率的强烈需求，需要发现新的传热机理。与三种经典传热机理不同的是，这里提出一种新的机理，称之为热激发，即需要通过激励源进行激励。热激发中的传热速度介于热传导和热辐射之间。这个过程被模拟呈现出来，并用一个日常生活中的例子来通俗地加以理解。新机理有望对增强传热和提高太阳能光热利用有一定的帮助。

5.2.1 经典传热方式

传热过程与我们的生活息息相关，传热方式存在于生活的方方面面。热传导、热对流和热辐射这三种传热方式独立或联合地发生作用。比如传统的烹饪过程中，包含有煤燃烧的辐射、锅的传导以及水的对流等。相对于传统的化石能源，新的清洁能源也与传热方式密切相关。太阳能来自太阳辐射[16]、风能源于温差引起的大气对流[17]，地热能来自地球内部高温熔岩对附近地下水的传导加热等[18]。热传导过程类似于电传导[19]，欧姆据此发现了欧姆定律。这种线性的关系通常也适用于导热过程，但在某些特殊情况下，线性的傅里叶定律会失效[20]，比如热波的存在，这时需要对线性定律进行修正。对于热对流，从驱动方式上可分为自然对流和强制对流，流动状态上则有层流传热和湍流传热的区别[21, 22]，它们都可用牛顿冷却公式来表征[23]。作为物体的固有属性，辐射类似于光的性质，物体可以吸收、反射和透射辐射的热量[24-26]，一般可用斯蒂芬-玻尔兹曼定律来描述辐射强度和温度的关系[27, 28]。然而，在实际工程中，由于人们对增强传热能力和提高太阳能光热利用效率等的强烈需求，呼唤发现新的传热机理。

众所周知，这三种传热方式的区别主要在于是否接触、是否需要介质、过程中是否有能量转换、是否以存在温差为条件。事实上，我们也可以从其他方面对这三种基本方式进行对比。如表 5.1 所示，热辐射存在于各个方向上[29]。换句话说，辐射传热没有固定的方向。热传导一般只在一个方向上存在，从高温物体到低温度物体，热传导一般只在一个方向上存在[30]。而对流传热过程中，它是由相对于温度梯度方向的横向运动而产生的热量的扩散，逐渐铺展开来[31]。因此，这三种传热方式从几何学的角度来看，分别对应于球体、柱体和板块。在力学上，这三种机理分别对应的是体积力、线力和表面力。辐射和体积力具有不与其他物体接触的特征。进一步地，延伸扩展到物理过程，三种方式分别对应的是光、电、力。

表 5.1　三种传热机理的比较

方式	热对流	热传导	热辐射
方向	热量铺开	高温到低温	各个方向
几何体	板块	柱体	球体
作用力	表面力	线力	体积力
物理过程	力	电	光

对于热对流、热传导和热辐射的不同特征，表 5.1 中从几何体、作用力和物理过程方面进行了类比。

如费曼在他经典的物理学讲义中指出的，以前看来似乎很不相同的现象，实际上只是同一事物的不同侧面而已[32]，对于传热过程也应如此。热对流可视为很多介质前赴后继、相互渗透交叉的导热过程[33]。热导热和热辐射可看作具有流动性质的传热基本粒子分别流过多孔介质和射流的情形。

5.2.2　热激发

我们再来分析热传导和热辐射的主要区别。可以归纳为它们的传热速度不同，热传导需要介质[34]，而热辐射不需要介质。另外，热辐射是物体的固有属性，热传导是由温度梯度驱动的[35]。下面分析是否有其他方式存在的可能性，即存在着不同于传统的三种基本传热机理，其特征介于热传导和热辐射之间。详细来说，它的传热速率处于热辐射和热传导的中间。它需要介质，但不会像热传导那样受阻较大，即存在快速通道。这种新的传热方式虽然不是物体的固有属性，也不是由温度梯度驱动的，而是需要有动力来启动这一过程。

如图 5.4 所示，这种新型传热方式的作用区域与介质对光的透射性有关，即可以用光或电激发。以光作激发源为例，即光提供激发的初始能量。光是以光子的形式传递到介质表面，附近有活性自由的电子。当近表面激发区的电子感受到激发后，经过电子与光子协作然后射出，可以将热能传递出去。激发区的热量以恒定的速度直接传到靶区，这就比如有人想打喷嚏，一时打不出来，而暴露在阳光或强光下后，马上就出来了。随着光以谐振腔光子的形式作用，电子与光子结合在一起并被电子包围。新的粒子群与电子和光子以特定的方式连接在一起，使电子振动在晶格中无任何阻力或微弱的阻力下运动。根据量子力学，微观粒子可以表现出类似于波的特性[36]，这意味着粒子有一定的概率穿过晶格。事实上，电子被光子激发后，被激发的电子与光子的频率相同。电子和光子的结合，形成了新的不可分割的粒子，这些粒子来源于光和物体，可以自由地穿过不同的原子核之间的空隙。这些由光子和电子结合形成的新粒子的运动类似于非黏性超流体，具有一定的速度。众所周知，电子的质量 $m_e = 9.11\times10^{-31}$kg [37]，Plank 常量 $h = 6.63\times10^{-34}$ J • s [38]，可见光的波长在 380～760nm[39, 40]。该速度与光的频率和传热介质的热特性有关，可以通过能量分析给出其量级和大小。

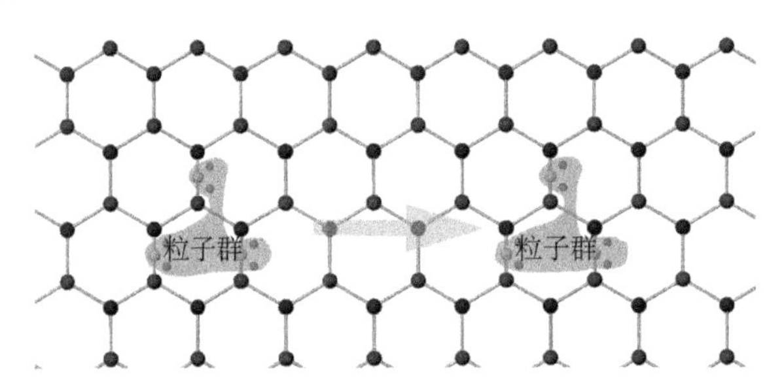

图 5.4　热激发中的传热过程

这些粒子群的独特特征之一是它们在特定的方向上运动，而且它们之间有很强的联系，可以类比于库珀对[41]在低温超导中[42]的情况，但这些粒子群的数量更多。粒子群处于凝聚态，可以在物体中运动而不损失能量。激发的热能被特定的靶区捕获。这种新的传热机理不同于由温度梯度产生的热传导，也不同于热辐射，热辐射是物体的固有属性，但新的传热机理并非如此。换句话说，这种传热方式需要激励，这也是我们将其命名为热激发的原因。还需要注意的是，新的传热机理不同于微观结构和纳米结构中的弹道热传导[43]，这里热量不是以声子振动的方式传递的。

热激发传递的热流随温度的变化近似呈二次关系。热激发传递的过程类似于匀加速运动，即加速度不变，速度呈线性变化，位移呈二次方程的抛物线分布。

为了更好地理解，这里举一个日常生活中的例子。事情是这样的，一位老师为学生做了件很辛苦的事情，学生瞧见老师后背的衣服已被汗水浸透一大片，此刻，一股感动的暖流涌上心头。这个暖流对应的是热量传递方式，不是传导，也不是靠血液的流动，更不是人体的辐射，它的速度比传导和流动快，比辐射慢，靠外部的激励引起。当然，你可以理解为它仅仅是一个生理反应过程，但生理也对应物理，生理反应和化学反应都伴有不同的传热模式和过程[44]。这里其实是通过例子来说明可能存在这样的方式。事实上，可以把它理解为存在瞬时的量子通道，热量以较快的方式进行传播。相关材料和传热方式的开启以及在增强传热方面的应用，需要进一步探索。

5.2.3 热聚集

另一种新的传递方式存在于辐射之外的区域，我们称之为热聚集。与传统的辐射不同，它有固定的方向，因此可称之为定向的热辐射，所以它的强度与温度有高于四次幂的关系。不同的传热方式见图 5.5，主要呈现的是它们与温度的相关性。

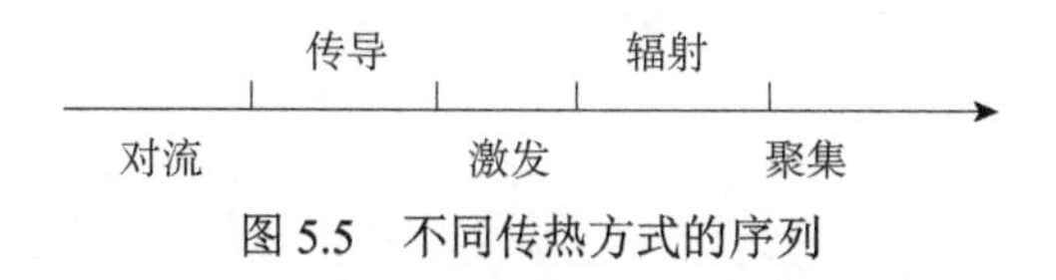

图 5.5 不同传热方式的序列

定向的辐射，即热聚集，不论是自然宇宙间可能存在的还是人工制造的，它的研究对于新能源的开发都有意义。事实上，普通辐射到定向辐射的转变，可以参照普通光到激光的变化。材料的制作也可采用类似制作激光发射器的方式，包括粒子反转、谐振腔等。如果把热聚集应用于太阳能的利用，则可以实现定向集中的辐射接收，不仅接收辐射的强度加大，建设电站的占地面积减少，还可以在一定程度上实现所需能量穿透云层，降低天气的影响程度。

5.3 声子涡流

热传导和热对流是需要介质的传热方式。一般热传导发生在固体内部，热量从高温流向低温，而热对流则伴随有流体的运动。旋涡是流体常见的运动方式之一，比如瑞利-贝纳德热对流旋涡，钝体绕流近尾迹都有旋涡的运动。在实际热传导的过程中，也会有类似流体运动的过程出现，以及热整流（热流方向相反时表现不同）等。实际上，更进一步，在某些特殊情况下，我们提出导热过程会出现热涡的现象，即声子涡流过程，虽然从普通的传导方程来看不会产生这样的过程。热流在特定区域以回路的方式运动，它与介质热物性、温度、温度梯度、缺陷的尺寸都有关系。我们给出了热涡发生的条件范围，另外，分析了声子涡流与声子局域化的不同，尽管它们都降低了热导率。声子涡流是提出的新概念和理论，它可以为热调控提供新的思路。

5.3.1 热量传递与流体运动

众所周知，传热主要表现为三种过程，热传导、热对流和热辐射，它们广泛存在于日常生活和工程应用中。相对于热辐射，热传导和热对流则需要一定的介质来传导热流。热传导，热流一般由热区流向冷区。热对流伴有流体的流动过程。实际流动过程中，经常出现的就是旋涡，如图 5.6 所示。比如由温差驱动引起的瑞利-贝纳德对流，在封闭方腔里就是涡状的环流，如果瑞利数足够高，会有很多小尺度的涡结构[45]。当流体流过非流线形物体时，包括柱形的钝体，从后缘开始会有涡的脱落[46]。实际上，湍流也是由大大小小的涡组成的，各种尺度存在能量的级串过程[47]。

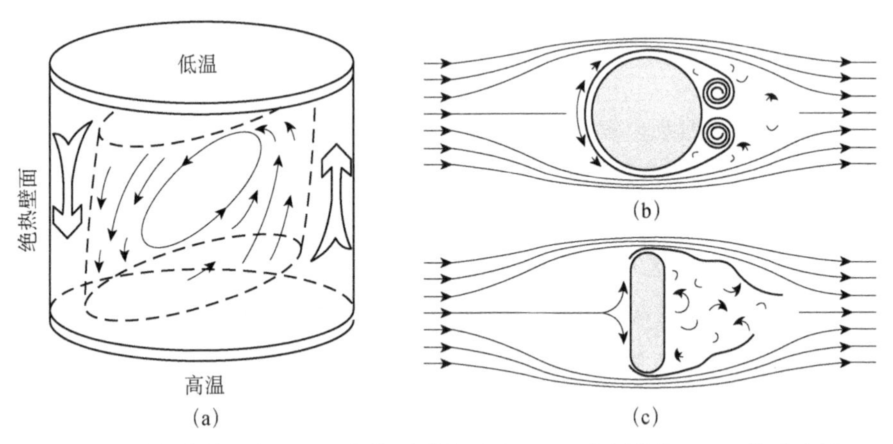

图 5.6　流体中的涡流：（a）瑞利-贝纳德对流；（b）绕圆柱体；（c）绕垂直板

热流运动与流体流动之间存在某些相似性，比如声子的泊肃叶流动和热整流等，如图 5.7 所示。当动量守恒的声子碰撞（N 过程）变得比非守恒的声子气多时，声子气的行为就像一种黏性流体[48]。早在 1966 年，Guyer 等[49]通过线性玻尔兹曼方程发展而来的声子宏观方程组，在 Ziman 极限下，首次发现了声子气的泊肃叶流动，即声子气在该条件下呈现出流体的泊肃叶流动特性，如图 5.7（a）所示。声子气的泊肃叶流动同样也可以由声子的流体动力学方程组求解得到[50]。如图 5.7（b）所示，热整流是一种非对称的导热现象，热流沿着某个方向容易通过，反向则基本呈截止状态，或相对较小[51]，这与流体通过变径管道的流动相似，即正向流动与反向流动存在较大差异，目前在多种材料和非对称结构中都可以实现并观察到热整流现象[51, 52]。

本节基于热流与温度梯度之间可能存在变化的夹角，结合流体与热流运动的相似性，提出在特定条件下，类石墨烯结构在热传导过程中会出现热流涡旋运动的可能性。事实上，通过设计新型结构的导热材料，可以实现热流的特殊运动。在 2012 年，Narayana 和 Sato[53]利用多层复合方法，设计并构造了一类新型的热传导人造材料。通过设计不同结构的热传导材料，很好地控制了热流流动的方向，实现了热通量的屏蔽、集中和反转，并通过基于有限元的多物理场模拟和实验方式证明了引导和控制热通量的潜力。而热反转现象与流体流动的涡旋运动具有很大的相似性。在分析热流运动与流体流动之间的相似性以及热反转等现象的基础上，本节从声子流体力学方程组的角度出发，研究在类石墨烯复合结构热传导过程中出现热流涡旋运动的特定条件，分析热涡现象的特征并给出其潜在的应用方向。

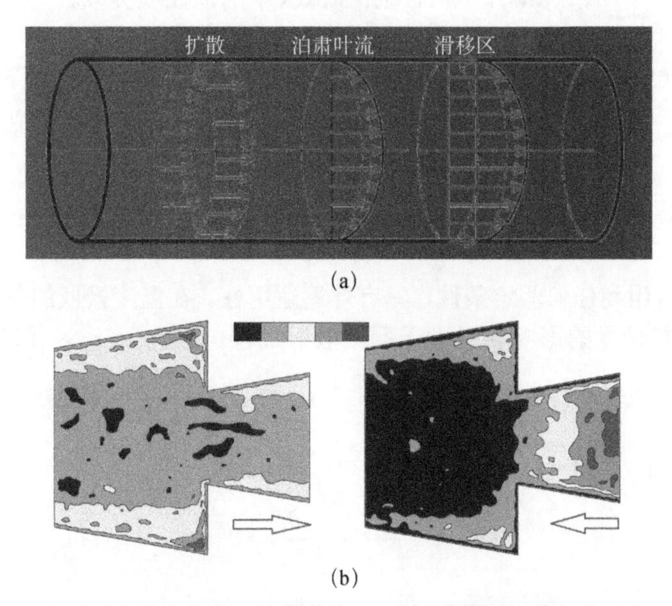

图 5.7　声子的泊肃叶流动和热整流效应：（a）在温度梯度不变的情况下，声子水动力学行为；（b）T 型结构的热整流效应

5.3.2　声子流体力学方程

声子玻尔兹曼方程可以写为[54]

$$\frac{\partial f}{\partial t}+v\cdot\nabla_r f=-\frac{f-f_0}{\tau_U}-\frac{f-f_d}{\tau_N} \tag{5.6}$$

其中 τ_N 和 τ_U 分别为正态散射和倒逆散射的弛豫时间。在温度低于一定值时，声子的倒逆散射过程会被冻结，即超低温环境 $\tau_N \ll \tau_U$ [55]，f_d 为正态散射过程的分布函数，其满足位移玻色-爱因斯坦分布 $f_d=\dfrac{1}{\exp\left(\dfrac{\hbar w-k\cdot u}{k_{\mathrm{B}}T}\right)-1}$ [56]，其中 k_{B} 为

玻尔兹曼常量，u 代表声子平均飘逸速度，k 是声子波矢，ω 对应声子频率。

声子是晶格振动的简正模能量量子，其可以产生和湮灭，所以其数量密度并不满足连续性方程。根据局部能量和动量密度变量的概念，通过对所有波矢取积分操作，超低温环境下的声子玻尔兹曼方程可以转化为[50]

$$\frac{\partial p_i}{\partial t}+\frac{\partial \sum_{ij}}{\partial x_j}=-\frac{3}{(2\pi)^3}\int\frac{f-f_0}{\tau_U}\hbar k_i \mathrm{d}^3k \tag{5.7}$$

其中 $\sum_{ij}=\frac{3}{(2\pi)^3}\int \hbar k_i v_j f\mathrm{d}^3k$ ，与 Navier-Stokes 中的惯性项类似。

将方程（5.6）两边乘以 $\hbar\omega$ ，并对所有波矢取积分，可以得到如下的能量方程

$$\frac{\partial U}{\partial t}+\frac{\partial J_{\mathrm{qi}}}{\partial x_i}=0 \tag{5.8}$$

式中定义了局部能量 $U=\frac{3}{(2\pi)^3}\int \hbar\omega f\mathrm{d}^3k$ ，能量通量 $J_{\mathrm{qi}}=\frac{3}{(2\pi)^3}\int \hbar\omega v_i f\mathrm{d}^3k$ 。以上的推导并没有用到任何假定条件，具有普遍适用性。在温度极低的条件下，正态散射过程对热传导的影响要远大于倒逆散射过程，即 $\tau_N \ll \tau_U$ ，在这种情况下，可以作如下近似 $f\approx f_d\approx f_0-\frac{\partial f_0}{\partial\omega}k\bullet u=f_0+f_0(1+f_0)\frac{\hbar k\bullet u}{k_{\mathrm{B}}T}$ 。根据这个分布函数，方程（5.7）和（5.8）可以分别转换为[50]

$$\frac{\partial(\eta_{ij}u_j)}{\partial t}+S_p\frac{\partial T}{\partial x_i}=0 \tag{5.9}$$

$$C\frac{\partial T}{\partial t}+TS_p\frac{\partial u_i}{\partial x_i}=0 \tag{5.10}$$

其中 η_{ij} 为二阶张量，其单位为 $\mathrm{kg/m^3}$ ， S_p 是声子熵密度。

在超低温环境下，声子的倒逆散射过程几乎被完全冻结，所以，在这里我们不考虑声子倒逆散射的情况，则声子流体力学方程组可以表示成[50]

$$\begin{cases}\dfrac{\partial P}{\partial t}+S_p\dfrac{\partial T}{\partial x_i}-\xi\dfrac{\partial^2 u_j}{\partial x_m\partial x_n}=0\\ C\dfrac{\partial T}{\partial t}+\dfrac{\partial J_{\mathrm{qi}}}{\partial x_i}=0\\ J_{\mathrm{qi}}=TS_p u_i-\chi_{ij}\dfrac{\partial T}{\partial x_j}\\ P_i=\eta_{ij}u_j\end{cases} \tag{5.11}$$

式中 ξ 可以类比为正态散射过程的黏度，χ_{ij} 为正态散射过程的热导张量。

声子的流体力学方程组是在声子的正态散射过程比倒逆散射快得多的前提下建立的，并且热传递时间常数要比倒逆散射弛豫时间小得多，即不存在任何动量损失的散射过程，声子的能量在正态散射过程中重新分布，不过沿热流方向的总能量没有改变。

5.3.3　声子涡流现象

众所周知，对于流体流动而言，其雷诺数表征的是流体受到的惯性力对黏性力的相对重要程度。经典的圆柱绕流问题，在蠕流基础上随着雷诺数的逐渐增加，在圆柱尾缘就更容易产生涡流结构，如图 5.6（b）所示。研究声子流体力学源于正态散射过程对倒逆散射的相对重要性，本章是从声子的流体力学方程组出发，研究特定条件下石墨烯结构热传导过程中的热涡现象。对于导热而言，已经有研究者证明石墨烯片状结构在温度低于一定值时，声子的倒逆散射过程会被冻结[55]，正态散射过程相对于声子的倒逆散射显得更为重要，其热传导过程主要由正态散射过程驱动，即这一条件仅在低温时才能满足。

根据以上分析，为了更加直观地给出在石墨烯结构中出现热涡现象的特定条件，这里我们定义了一个与传热过程相关的物理量，其类似于研究流体运动中雷诺数的概念

$$Re_{ph} = \frac{uL}{\eta} \tag{5.12}$$

其中 L 表示片状石墨烯结构的尺寸，其数量级为 10^{-5} m。u 表示声子的平均飘移速度，是一个与声子热流直接相关的宏观速度[57]，$u = \dfrac{3q}{4e}$（q 为热流密度，e 是一个与声速有关的参数）。该研究中的热流密度要比太阳辐射表面的热流密度高出几个量级，这里取为 $q \sim 10^7$ W/m^2。η 表示正态散射过程的运动黏度，其表达式为[48] $\eta = \dfrac{v^2}{5}\tau_N$。$v$ 为声子群速度，即声速，对于纵向模式的声子而言 $v_L = \sqrt{\dfrac{E}{\rho}}$（$E$ 为弹性模量，ρ 为材料密度）。对于单层石墨烯结构，其弹性模量与温度有很大关系[58]，而密度随温度的变化可以忽略不计。根据弹性模型在温度范围 100～300K 的变化情况计算出其相应温度下的声速，并根据曲线变化规律预测在温度 T=20K 附近时声子的群速度为 $1.9\times10^4\,\mathrm{m/s}$。弛豫时间 τ_N 由下式计算[59]

$$\tau_N^{-1} = B_N \omega^m T^k \tag{5.13}$$

其中 ω 为声子频率。Calizo 等[60]研究了石墨烯在 Si/SiO_2 基板上的拉曼光谱中 G

峰的频率的温度依赖性，研究中发现在温度 83～337K 范围内声子频率随着温度呈线性变化。声子频率在低温下满足 $\hbar\omega = 3k_{\mathrm{B}}T$ [61]。通过这个计算式可以粗略估计，温度在 0.1K 时，石墨烯结构中声子频率达到 10^{10}Hz。

B_N 是正态散射过程中一个与温度无关的常量[62]，可以通过公式求得[63]。对于低温下的石墨烯结构 $B_N = 3.85\times10^{-25}\ \mathrm{s/K^3}$ [55]，指数 $m+k=5$[64-66]，对于纵向声子和横向声子其取值不同[67]。在低温环境下，石墨烯中声子的纵向模式对热导率的贡献要远远大于横向声子的贡献。比如当温度为 400K 时，纵向声子和横向声子对热导率贡献基本一样，分别为 50%和 49%[68]；而当温度降低到 100K 时，纵向声子和横向声子对热导率贡献的比例分别为 71.0%和 28.5%。所以，在更低的温度环境下石墨烯中声子纵向模式对热导率的贡献会进一步增大，故取 $m=2$，$k=3$。

这里取石墨烯中局域化的横向尺寸为 10^{-5}m，热流很大时，声子迁移速度为 1.9×10^4m/s。由上面的讨论可以得到正常散射弛豫时间是 5.2×10^{-6}s，所以声子雷诺数为 2.8×10^{-4}。在这种情况下，可以认为声子涡流开始出现。对于圆柱绕流，曲率变化较缓，发生分离需要相对大的流速，相应雷诺数为 5 左右。对于平板其雷诺数接近 1800 左右。而对于尖缘物体，边界附近相对外流速度很大[69]，所以发生分离的雷诺数会很小。

事实上，随着热流的增强，声子迁移速度会逐步加大，会更容易出现声子的涡流。当然，从计算表达式（5.12）可以看出，缺陷的横向尺寸的加大和温度的升高都会引起声子流雷诺数的增加。不过，这两者的增加，增加了声子散射过程的复杂性，减弱了正态散射的作用，所以热涡的出现会有尺寸和温度的上限，即尺寸不能太大，温度也相对较低。从过程来看，热涡的出现降低了材料的热导率，这个效果类似于声子的局域化，掺加杂质的局域化更类似于多孔介质阻碍了流体的流动。局域化区域的作用更类似这里的缺陷，声子局域化中局部的散射过程由多通道变为单通道，而声子涡流起始于特定位置热流分离伴随的两个相反方向的传热，所以声子局域化和声子涡流是两个不相同的过程。实际上，可以通过调节材料的整体温度和平均温度梯度，达到调整介质的温度分布和改变其热导率的目的。

总体来说，流动和导热过程的对比，热流和温度梯度存在的不同夹角，启发我们提出热涡这样的特殊过程。流体中的分离涡流，热对流中的涡结构，导热过程中的声子泊肃叶流和热整流也引导我们发现这样的现象。具体地，在声子散射过程和声子流体力学分析的基础上，提出声子运动雷诺数的概念，并结合石墨烯材料给出了发生声子涡流的特定条件。本章讨论了该过程发生的影响因素，以及分析对比了与声子局域化的区别和联系。不同材料对声子涡流的影响，以及涡流尺寸的变化和存在性都有待深入开展研究。

5.4　本章小结

本章基于实际流体内部的温度梯度具有非定常的变化特征，提出与热泳相关但不同于热泳力的热泳冲力。给出了热泳冲力的表达式。结合温度场的时空变换特征，从另一角度解释了热泳冲力的来源。本章指出该热泳冲力与流体温度梯度的变化率和时间积分均相关。以后需要开展进一步深入的研究，以利于更高效和精准地颗粒分离。

作为探索性的分析，本章提出可能存在的两种传热方式，热激发和热聚集，并分析了它们的特征和作用特点。另外，分析探讨了导热过程中可能出现的声子涡流现象。

参考文献

[1] Epstein P S. Zur theorie des radiometers. Zeitschrift für Physik，1929，54：537-563.

[2] Brock J R. On the theory of thermal forces acting on aerosol particles. Journal of Colloid Science，1962，17：768-780.

[3] Talbot L，Cheng R K，Schefer R W，et al. Thermophoresis of particles in a heated boundary layer. Journal of Fluid Mechanics，1980，101：737-758.

[4] Beresnev S，Chernyak V. Thermophoresis of a spherical particle in a rarefied gas：numerical analysis based on the model kinetic equations. Physics of Fluids，1995，7：1743-1756.

[5] Waldmann L. Uber die Kraft eines inhomogenen Gases auf kleine suspendierte Kugeln. Zeitschrift fur Naturforschung，1959，14a：589-599.

[6] Sagot B. Thermophoresis for spherical particles. Journal of Aerosol Science，2013，65：10-20.

[7] 董双岭，曹炳阳，过增元. 作用在粒子上的热泳升力研究. 工程热物理学报，2015，36（5）：1063-1066.

[8] van Hinsberg M A T，Clercx H J H，Toschi F. Enhanced settling of nonheavy inertial particles in homogeneous isotropic turbulence：the role of the pressure gradient and the Basset history force. Phys. Rev. E，2017，95：023106.

[9] Maggi F. Experimental evidence of how the fractal structure controls the hydrodynamic

resistance on granular aggregates moving through water. J. Hydrol.，2015，528：694-702.

[10] Jalaal M，Ghafoori S，Motevalli M，et al. One-dimensional single rising bubble at low Reynolds numbers：solution of equation of motion by differential transformation method. Asia-Pac. J. Chem. Eng.，2012，7：256-265.

[11] Homayonifar P，Saboohi Y，Firoozabadi B. Numerical simulation of nano-carbon deposition in the thermal decomposition of methane. Int. J. Hydrogen. Energ.，2008，33：7027-7038.

[12] Moraga F J，Larreteguy A E，Drew D A，et al. A center-averaged two-fluid model for wall-bounded bubbly flows. Computers & Fluids，2006，35：429-461.

[13] Andres J M. Forces on bodies moving in non-uniform and unsteady streams. International Journal of Non-Linear Mechanics，1994，29：217-223.

[14] van Hinsberg M A T，Boonkkamp J H M T，Clercx H J H. An efficient，second order method for the approximation of the Basset history force. Journal of Computational Physics，2011，230：1465-1478.

[15] Dong S L，Liu Y F，Zhang N，et al. Theoretical study of thermophoretic impulsive force exerted on a particle in fluid. Journal of Molecular Liquids，2017，241：99-101.

[16] Reece S Y，Hamel J A，Sung K，et al. Wireless solar water splitting using silicon-based semiconductors and earth-abundant catalysts. Science，2011，334：645-648.

[17] Coumou D，Lehmann J，Beckmann J. The weakening summer circulation in the Northern Hemisphere mid-latitudes. Science，2015，348：324-327.

[18] Guglielmi Y，Cappa F，Avouac J P，et al. Seismicity triggered by fluid injection-induced aseismic slip. Science，2015，348：1224-1226.

[19] Meschke M，Guichard W，Pekola J P. Single-mode heat conduction by photons. Nature，2006，444：187-190.

[20] Jezouin S，Parmentier F D，Anthore A，et al. Quantum limit of heat flow across a single electronic channel. Science，2013，342：601-604.

[21] Mitvalský V. Heat transfer in the laminar flow of human blood through tube and annulus. Nature，1965，4981：307.

[22] Glazier J A，Segawa T，Naert A，et al. Evidence against "ultrahard" thermal turbulence at very high Rayleigh numbers. Nature，1999，398：307-310.

[23] Bakken G S，Gates D M，Strunk T H，et al. Linearized heat transfer relations in biology. Science，1974，183：976-978.

[24] Lustick S，Adam M，Hinko A. Interaction between posture，color，and the radiative heat load in birds. Science，1980，208：1052-1053.

[25] Jacobson M Z. Strong radiative heating due to the mixing state of black carbon in atmospheric

aerosols. Nature，2011，409：695-697.

[26]Kim K，Song B，Fernández-Hurtado V，et al. Radiative heat transfer in the extreme near field. Nature，2015，528：387-391.

[27]Keppler H，Dubrovinsky L S，Narygina O，et al. Optical absorption and radiative thermal conductivity of silicate perovskite to 125 gigapascals. Science，2008，322：1529-1532.

[28]Principi A，Lundeberg M B，Hesp N C，et al. Super-Planckian electron cooling in a van der Waals stack. Phys. Rev. Lett.，2017，118：126804.

[29]Turyshev S G，Toth V T，Kinsella G S C，et al. Support for the thermal origin of the Pioneer anomaly. Phys. Rev. Lett.，2012，108：241101.

[30]Lee V，Wu C H，Lou Z X，et al. Divergent and ultrahigh thermal conductivity in millimeter-long nanotubes. Phys. Rev. Lett.，2017，118：135901.

[31]Liu B，Zhang J. Self-induced cyclic reorganization of free bodies through thermal convection. Phys. Rev. Lett.，2008，100：244501.

[32]Feynman R P，Leighton R B，Sands M L. Mainly Mechanics，Radiation，and Heat. New York：Addison Wesley Publishing Company，1963.

[33]Grodzka P G，Bannister T C. Heat flow and convection demonstration experiments aboard Apollo 14. Science，1972，176：506-508.

[34]Costescu R M，Cahill D G，Fabreguette F H，et al. Ultra-low thermal conductivity in W/Al_2O_3 nanolaminates. Science，2004，303：989-990.

[35]Giazotto F，Heikkilä T T，Luukanen A，et al. Opportunities for mesoscopics in thermometry and refrigeration：physics and applications. Rev. Mod. Phys.，2006，78：217.

[36]Abrikosov A A，Gorkov L P，Dzyaloshinski I E. Methods of quantum field theory in statistical physics. Chelmsford：Courier Corporation，2012.

[37]Kasap S O. Principles of Electronic Materials and Devices. New York：McGraw-Hill，2006.

[38]Martienssen W，Warlimont H. Springer handbook of condensed matter and materials data. Berlin：Springer Science & Business Media，2006.

[39]Kirk J T. Light and Photosynthesis in Aquatic Ecosystems. Cambridge：Cambridge University Press，1994.

[40]Bakker R M，Permyakov D，Yu Y F，et al. Magnetic and electric hotspots with silicon nanodimers. Nano. Lett.，2015，15：2137-2142.

[41]Hofstetter L，Csonka S，Nygård J，et al. Cooper pair splitter realized in a two-quantum-dot Y-junction. Nature，2009，461：960-963.

[42]Giazotto F，Martínez-Pérez M J. The Josephson heat interferometer. Nature，2012，492：401-405.

[43] Luckyanova M N，Garg J，Esfarjani K，et al. Fitzgerald，Coherent phonon heat conduction in superlattices. Science，2012，338：936-939.

[44] Dyuldin A. Quasi-energy-a new bioenergetic quantity. Nature，1971，230：327-328.

[45] Ahlers G，Grossmann S，Lohse D. Heat transfer and large scale dynamics in turbulent Rayleigh-Bénard convection. Rev. Mod. Phys.，2009，81：503-537.

[46] Luchini P，Bottaro A. Adjoint equations in stability analysis. Annu. Rev. Fluid Mech.，2014，46：493-517.

[47] Cardesa J I，Vela-Martín A，Jiménez J. The turbulent cascade in five dimensions. Science，2017，357：782-784.

[48] Smontara A，Lasjaunias J C，Maynard R. Phonon Poiseuille flow in quasi-one-dimensional single crystals. Phys. Rev. Lett.，1996，77：5397.

[49] Guyer R A，Krumhansl J A. Thermal conductivity，second sound，and phonon hydrodynamic phenomena in nonmetallic crystals. Phys. Rev.，1966，148：778.

[50] Chen G. Nanoscale Energy Transport and Conversion：a Parallel Treatment of Electrons，Molecules，Phonons，and Photons. New York：Oxford University Press，2005.

[51] Cartoixà X，Colombo L，Rurali R. Thermal rectification by design in telescopic Si nanowires. Nano Lett.，2015，15：8255-8259.

[52] Wang H D，Hu S Q，Takahashi K，et al. Experimental study of thermal rectification in suspended monolayer graphene. Nat. Commun.，2017，8：15843.

[53] Narayana S，Sato Y. Heat flux manipulation with engineered thermal materials. Phys. Rev. Lett.，2012，108：214303.

[54] Chen G. Ballistic-diffusive heat-conduction equations. Phys. Rev. Lett.，2001，86：2297.

[55] Alofi A，Srivastava G P. Phonon conductivity in graphene. J. Appl. Phys.，2012，112：013517.

[56] Cepellptti，A，Fugallo G，Paulatto L，et al. Phonon hydrodynamics in two-dimensional materials. Nat. Commun.，2015，6：6400.

[57] Dreyer W，Struchtrup H. Heat pulse experiments revisited. Contin. Mech. Thermodyn.，1993，5：3-50.

[58] Jiang J W，Wang J S，Li B. Young's modulus of graphene：a molecular dynamics study. Phys. Rev. B，2009，80：113405.

[59] Callaway J. Model for lattice thermal conductivity at low temperatures. Phys. Rev.，1959，113：1046.

[60] Calizo I，Balandin A A，Bao W，et al. Temperature dependence of the Raman spectra of graphene and graphene multilayers. Nano. Lett.，2007，7：2645-2649.

[61] Chen Y，Yang J，Wang X，et al. Temperature dependence of frictional force in carbon nanotube

oscillators. Nanotechnology，2008，20：035704.

[62] McGaughey A J H，Kaviany M. Quantitative validation of the Boltzmann transport equation phonon thermal conductivity model under the single-mode relaxation time approximation. Phys. Rev. B，2004，69：094303.

[63] Nissimagoudar A S，Sankeshwar N S. Significant reduction of lattice thermal conductivity due to phonon confinement in graphene nanoribbons. Phys. Rev. B，2014，89：235422.

[64] Herring C. Role of low-energy phonons in thermal conduction. Phys. Rev.，1954，95：954.

[65] Guthrie G L. Temperature dependence of three-phonon processes in solids，with application to Si，Ge，GaAs，and InSb. Phys. Rev.，1966，152：801.

[66] Asen-Palmer M，Bartkowski K，Gmelin E，et al. Thermal conductivity of germanium crystals with different isotopic compositions. Phys. Rev. B，1997，56：9431.

[67] Holland M G. Analysis of lattice thermal conductivity. Phys. Rev.，1963，132：2461.

[68] Nika D L，Pokatilov E P，Askerov A S，et al. Phonon thermal conduction in graphene：role of Umklapp and edge roughness scattering. Phys. Rev. B，2009，79：155413.

[69] Batchelor G K. An Introduction to Fluid Dynamics. Cambridge：Cambridge University Press，2000.

第 6 章　颗粒分离受到的光泳升力

除了流体动力和与热相关的温度梯度，另一种可以用于操控颗粒的就是光。光能够改变物体的运动，这已经被许多研究者所证实，也可以视为光能转化为动能的一种方式。基于该原理发展起来的微操控技术——光镊技术，在物理、生物、化学、医学以及监测温室效应和相关空间科学领域有着重要的应用价值，基于这一原理可以方便而又精准地实现对颗粒运动的操控。

本章分析了在光照条件下，影响颗粒光泳运动的一系列可能因素，并与前人的实验分析进行对比，发现对于吸光性颗粒一般发生正向光泳运动，而折射性颗粒一般发生负向光泳运动；光泳力与光照强度呈现出正相关关系，所以可以通过增强激光器的功率，来增加作用在颗粒上的光泳力的大小；而环境压力是通过改变颗粒周围气体分子自由程，影响颗粒光泳特性。这些研究结论可以为操控颗粒提供一定的参考价值。这里通过理论并结合实验现象分析，定义了第Ⅰ类光泳升力，通过类比球形物体在速度剪切流体中运动时所受到的萨夫曼升力，推导出第Ⅰ类光泳升力的表达式，并结合前人的实验数据对该表达式进行了验证；另一方面，通过建立颗粒的几何模型，对其在光照射下的受力情况进行分析，说明颗粒在光照射下旋转的可能性，将其受到的旋转提升力定义为第Ⅱ类光泳升力，又进一步推导出第Ⅱ类光泳升力的表达式，并利用前人实验进行了定性验证。根据两类升力的线性特征，给出了在光照射下，颗粒受到的光泳升力的定量表达式。该研究进一步补充了光泳力的理论体系，有利于更加精确地调控颗粒运动以及对相关天文现象的解释。

6.1　光泳力的理论和实验分析

2014 年，Shvedov 等[1]在光泳力驱动颗粒运动的实验方面取得了较大突破，实现了将微纳米级颗粒沿轴向运动了几十厘米，同时也提出并分析了在垂直光轴方向存在相关作用力，但并未作进一步的研究分析。Cuello 等[2]研究了光泳效应对三维（3D）原行星盘中灰尘分布的影响，通过三维流体动力学模拟的方法，发现光泳会显著影响原行星盘中灰尘的分布，但不会改变气体分子的分布。另外，灰尘颗粒在光泳力的作用下会因尺寸和密度的不同，分布在距离星球不同的半径区域上。

微粒受到光照射后，光子被微粒吸收后其表面被不均匀加热，并与周围气体分子相互作用，微粒就会受到一定的力作用。可以发现，周围气体热导率不同，那么颗粒被加热的程度也会有区别，所以说微粒受到的光泳力与周围气体分子平均自由路径有关。将气体分子平均自由路径与微粒半径之比定义为 Kn 数，即 $Kn = l / R$，l 表示分子的平均自由路径，R 表示微粒的半径。一般根据 Kn 数区分来研究光泳现象，主要分为两大类。

当气体分子的平均自由路径远大于颗粒半径时，一般认为 $Kn > 10$，在此条件下气体分子之间很少发生碰撞，所以光泳力可以根据气体动力学的相关理论进行计算。1967 年，Hidy 和 Brock[3]推算出了在固定光强的照射下，球形颗粒受到的光泳力的近似表达式。不过在该推导过程中，并没有考虑颗粒表面的吸收效应。1973 年，Tong[4]将颗粒表面吸收辐射的效应考虑在内，将光泳力的表达式进一步完善，而且他利用模拟的方法计算了颗粒受到的光泳力的大小以及利用有限差分的方法得到了光照条件下颗粒表面的温度分布情况。

1993 年，Chernyak 和 Beresnev[5]根据气体动力理论推导出在任意 Kn 数下光泳力的表达式，增强了光泳力公式的普遍适用性。以上研究都是将颗粒视为球形进行的相应推导计算的，而 Zulehner 和 Rohatschek[6]在 1995 年，使用应力张量推导光泳力公式，而且此计算公式亦适用于非球形颗粒，可以计算出非球形颗粒受到的光泳力和扭矩。

随着光泳力计算体系逐渐完善，对于光泳力的影响因素从定量表达式的角度进行分析。2001 年，Tehranian 等[7]利用有限差分法计算出微粒表面的温度分布，并分析了颗粒尺寸以及折射率对光泳力的影响。

当颗粒周围气体分子的平均自由路径远小于颗粒半径时，即 $0.001 < Kn < 0.1$，1976 年，Yalamov 等[8]推导出来易挥发微粒的光泳力公式，并定义了用于判断微粒沿轴向运动方向的对称因子（J 因子，$J < 0$ 时，微粒向靠近光源的方向运动；$J > 0$ 时，微粒向远离光源的方向运动）的表达式。随后，Mackowski[9]完整推导出连续流区与滑移流区的光泳力及其光泳速度的表达式，利用正交函数推得 J 因子的无限级数形式，并将计算结果与实验值进行比较。利用前人的理论基础，Keh 等[10]推导出不同形状的颗粒和不同边界条件下的光泳力，以及光泳速度的表达式。

很多研究者在运用光泳原理实现对颗粒的驱动方面取得了一定的成果。2004

年，欧昌霖[11]深入研究了光泳力的影响因素，研究对象为椭圆球形颗粒，发现光泳速度对于颗粒形状、相对热导率和颗粒相对取向有很强的依赖性。2013 年，傅怀梁[12]通过建立理论模型的方法分析了颗粒尺寸、折射率、界面热阻以及颗粒自身热导率对流体中颗粒光泳特征性运动的影响，更加全面地研究了光泳力的影响因素。研究表明，在一般情况下，颗粒在较大的尺寸参数、低折射率和高吸收系数的条件下 $J<0$（描述颗粒光泳运动方向的非对称因子），颗粒会发生沿着远离光源的方向运动——正向光泳运动，而且数值模拟结果与实验以及理论分析的结果吻合良好。

2011 年，雷宏香等[13]使用亚波长直径光纤研究了在光泳力作用下，导电性颗粒和大肠杆菌在液体中的聚集和迁移。通过实验观察到在液体悬浮液中的 SiO_2 颗粒，在光泳力作用下向光轴移动和聚集的现象，这是国内率先在液体悬浮液中研究颗粒的光泳特性。这一实验技术可用于微纳米级颗粒的聚集和驱动，也可用于获取一些分散在液体中的生物物质，同时，也为颗粒的大规模聚集提供了一种方法。

光泳力的实验验证方面，2013 年，张志刚等[14]首次使用红外显微镜观测被俘获的吸光性颗粒，将记录的红外图像与颗粒未受光照时的红外图像进行对比，发现被俘获颗粒的最高温度要比未被俘获颗粒的温度高 14℃，进一步验证了光泳力理论。张泽[15]对光泳力的形成机理进行了深入的研究，在实验中发现只有会聚型光束对吸光性颗粒才有捕获能力，而非会聚型光束或者会聚趋势不明显的光束对吸光性微粒没有捕获的能力。而且实验中发现，通过改变光强梯度和功率密度，颗粒被捕捉的位置也会发生改变，这与光束的结构不随功率而改变的事实冲突。通过这一偶然的实验现象，实验上证明并研究了单个会聚型高斯光束捕捉颗粒的新机理。

刘丰瑞[16]对锥环状光阱中颗粒的旋转以及大量微粒的捕捉进行了实验研究，用碳粉颗粒进行实验，观察到了其沿光轴方向的旋转运动。通过实验实现了多个粒子以不同的半径绕光轴的旋转运动，并通过改变光照强度调控颗粒旋转的频率，为进一步提高光镊技术水平提供理论和实验基础。同年，利用空间散斑场捕获了大量吸光性颗粒，使用扫描电子显微镜观察发现，被捕获的粒子尺寸分布较为广泛，既有大于空间散斑场横向特征尺寸的粒子，也有小于该尺寸的粒子，并针对这一现象建立了简单的物理模型进行了定性分析。而被捕获的颗粒尺寸与日常生活周围的粉尘颗粒的尺寸相当，所以该方法可以用于空间温室效应 PM2.5 的检测和分离。

对于光泳力数值计算方面的分析研究，罗慧发现改变施加光束的阶数不仅能够提高捕获颗粒的稳定性还可以扩大捕获颗粒的范围，而且通过调节横向相干度可以实现对折射率不同的粒子的捕捉[17]，这对于利用激光束捕捉不同折射率粒子的研究具有一定的理论参考价值。

根据国内外在光泳方面研究现状的总结和分析，可以发现大多数研究者更注重在实验中研究和分析光泳现象以及颗粒的光泳特性，再进一步去操控颗粒的运动；而且大多数研究者都是以对称的光场和均质球形颗粒为条件研究颗粒的光泳运动的（此时，在垂直光轴方向上没有光泳相关力）。而对于实际颗粒在受到光泳力作用后的旋转情况，目前的研究还停留在定性分析的层面。

本章的主要目的是探究在光照条件下，微纳米颗粒所受到的光泳升力的定量表达式，并对所给出的表达式进行验证，为更加精确地调控颗粒提供理论参考。

利用光泳力理论可以很方便地实现对颗粒的驱动、捕获和分离。大多数研究学者是基于光泳力来实现颗粒沿着光轴方向的运动，即只考虑了颗粒受到的沿光轴方向的光泳力。实验研究表明，颗粒在光照条件下所受到的光泳力并不一定与光照方向一致，这与颗粒所处的位置以及颗粒自身特性等诸多因素有关系。为了更好地研究这一垂直光轴方向上的力，这里将垂直于光轴的光泳相关力称为第I类光泳升力。

另一方面，大多数研究者会将其研究对象视为均质的球形颗粒，这显然与实际颗粒不符。为了更加精确地分析光泳力对颗粒产生的影响，本研究中，当颗粒为非均质的球形或者光强分布不均匀时，颗粒受到光泳力的方向很可能与颗粒自身的重力方向不一致，由此就会产生一定的扭矩使颗粒旋转起来。颗粒在流体中旋转由于颗粒表面与流体之间的黏性作用，使得颗粒上下表面产生一定的压力差，颗粒就会受到一定的升力作用，本章将该升力称为第Ⅱ类光泳升力，这一升力被大多数研究者所忽略。

本章通过对颗粒在光照条件下，颗粒光泳运动的研究，进一步完善光泳力的理论体系，为精确地操控粒子提供依据和参考。另外，光泳升力的提出和分析有利于颗粒的精确调控和对相关天文现象的解释，具有一定的理论参考价值。

6.2　颗粒的光泳特性

在光照射下，颗粒会由于表面温度分布不均匀而受到力的作用，而这种温度不均匀是由颗粒吸收光子，被光子能量加热的程度不同所致，使得颗粒周围气体分子热运动不一致，当周围气体分子撞击到颗粒表面时，由于其速度差异，使颗粒受力不平衡，颗粒就会受到一定力的作用而运动起来。

这种光泳力的形成机理可以从中国科技大学张志刚课题组在 2013 年所做的实验中很好地得到验证[14]，他们使用红外显微镜记录了碳粉颗粒被俘获前后的温度变化（图 6.1），通过红外图像，可以看出被俘获颗粒的温升在 14℃左右[14]。而本章对颗粒光泳特性（颗粒的受力情况和运动的方向性）的影响因素进行了分析。

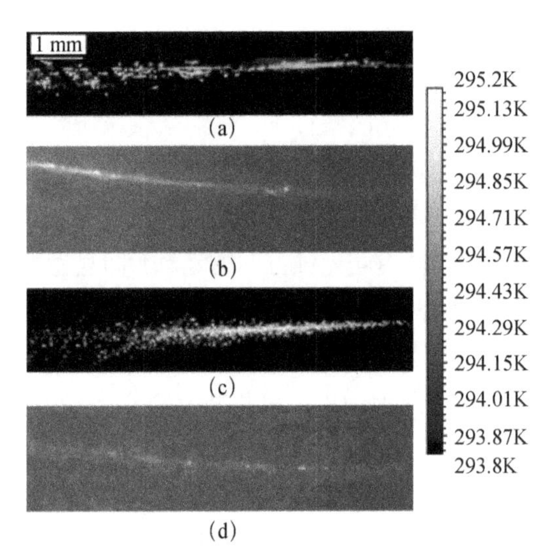

图 6.1　实验研究利用光泳力捕获石墨粉颗粒及其红外显示[14]

6.2.1　颗粒类型的影响

在光泳理论的研究中，一般将颗粒分为吸光性颗粒、反射性颗粒和折射性颗粒，而对于不同类型的颗粒来说，其在光照条件下会表现出不同的行为。实验研究中发现，有些类型的颗粒会逐渐远离光源并与光束平行的方向运动，即颗粒发生正向光泳运动，有些颗粒向靠近光源的方向运动，即颗粒发生负向光泳运动[17]。为了进一步研究不同类型的颗粒在光照条件下的运动行为，本节建立了一个简单的物理运动模型，以此从光泳力的形成机理上来分析其受力情况。

1. 吸光性颗粒

当光照射到吸光性颗粒的表面时，光子会被颗粒的迎光面所吸收，而由于吸光性颗粒内部自身传热的进行和颗粒和周围气体的热交换相比速率很小，那么在颗粒迎光一侧表面由于被光子加热形成的温度就会高于背光一侧，相应的其周围的气体分子热运动剧烈程度不同（如图 6.2 所示，带箭头线的长短表示气体分子运动的快慢），运动剧烈程度不同的气体分子撞击颗粒表面，就会使颗粒受到一个不平衡的力的作用而运动起来。而颗粒受到的光泳力本质上是由于气体分子撞击到颗粒表面而产生的力的作用。所以，对于吸光性颗粒来说，其迎光面气体分子撞击产生的力的作用要强于背光一侧，颗粒会向着远离光源的方向运动，即颗粒发生正向光泳运动。

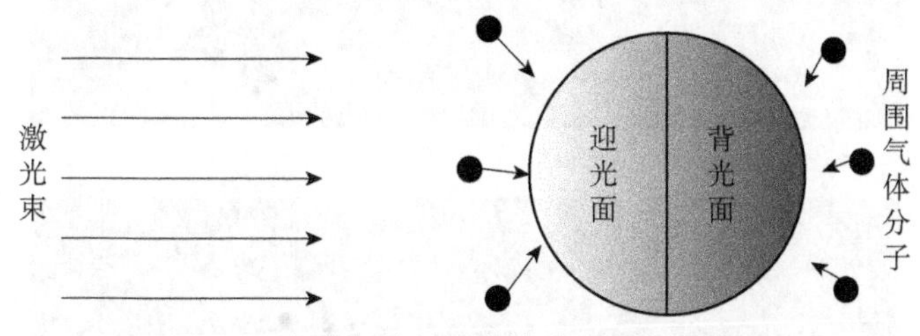

图 6.2　光照条件下吸光性球形颗粒模型图

2. 折射性/透明性颗粒

对于折射性/透明性颗粒，当受到一定光照时，光子会透过迎光一侧而运动到背光一侧直接被背光面所吸收，进而使得背光一侧的温度高于迎光一侧，通过不同温度的颗粒表面与周围气体的热量传递，背光一侧附近气体分子的运动速度要高于迎光一侧，那么颗粒就会在周围气体分子的作用下向着靠近光源的方向运动，即发生负向光泳运动。

3. 反射性颗粒

反射的光对颗粒产生的力的作用被称为光辐射压力，当颗粒位于光轴上时，其受到的光辐射压力沿光轴方向的分量总是与光的传播方向相同，所以颗粒在光辐射压力的作用下会向着远离光源的方向运动，而颗粒受到的光辐射压力的大小因颗粒距离光源的距离而有所差异。

6.2.2　光照强度的影响

对于光照强度与颗粒光泳特性的关系，我们可以从实验的角度进行分析。张志刚等[18]研究了通过空间散斑场捕获墨粉颗粒的实验，从实验记录的改变激光器功率后被捕捉墨粉颗粒的分布变化图像可以看出（图 6.3），当激光器功率降低时，被俘获颗粒的数目也在减少，这是因为激光器功率降低后，其产生的激光束的强度也会降低，颗粒受到的光泳力相对减小，那么之前被俘获的大颗粒（当重力大于颗粒受到的光泳力时）很可能脱离光泳力的束缚，在重力的作用下逃出光场区域。分析后发现，颗粒所受到的光泳力与光照强度正相关，也就是说，通常情况下，颗粒受到的光照越强，其自身受到的光泳相关力越大。从定量的角度研究光强与颗粒光泳力关系，我们可以从前人理论研究推导的光泳力的表达式进行分析，光强与颗粒受到的光泳力的大小成正比关系。

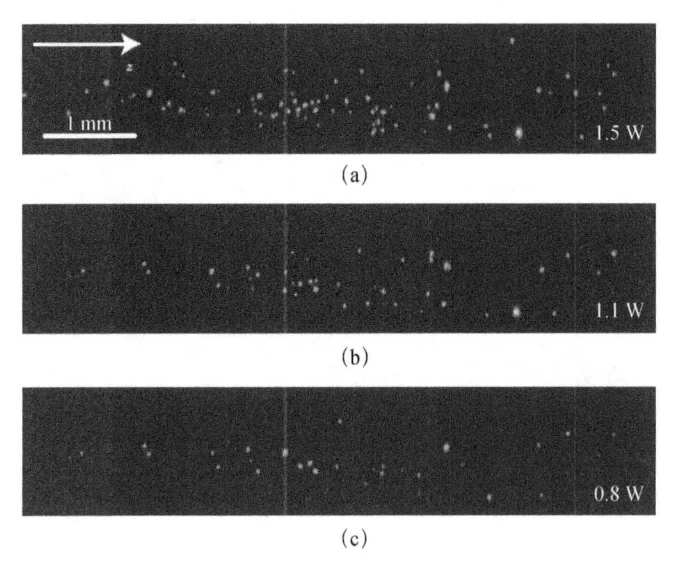

(a)

(b)

(c)

图 6.3　不同激光器功率下形成的空间分布散斑场捕捉墨粉颗粒[18]

如图 6.3 所示，实验中将激光器的功率从 1.5W 降到 1.1W，最后又降低到 0.8W，随着频率的降低，通过长焦显微镜观察大颗粒表面的漫射光稳定后的图像，可以发现，被捕获的墨粉颗粒的数目逐渐减少，数目的减少是由于激光器功率降低后颗粒由于光照强度减弱，其受到的垂直方向上的光泳力逐渐减小，使得部分颗粒受到的光泳力小于其重力而逃出观测区域。

6.2.3　环境压力的影响

环境压力主要影响颗粒周围气体分子之间的平均自由路径，随着压力的增大，分子之间的平均自由路径会减小，从而影响颗粒的光泳特性。2006 年，Wurm 和 Krauss[19]给出了关于影响方式的一种解释。他们基于光泳原理和固态温室效应，研究了在一定强度光照条件下，石墨颗粒在光泳力作用下的喷射现象。实验对象石墨颗粒样品总是以相同的方式制备，以最大限度地保证石墨颗粒的大小相当，那么喷射的阈值压力就应该对应于相同的平均光泳力，利用不同的辐射通量

I 重复这一实验，刚开始是在全光强度下进行实验，然后通过改变光强通量进行不同的实验，记录在不同的实验条件下石墨颗粒开始发生喷射时的光辐射通量，结合已经分析的光泳力与光照强度成比例的关系。实验中，也即是光泳力与辐射通量成正比，这样就能得到在全光强度 I_0 下，获得光泳力对压力的依赖性，如图 6.4 所示。

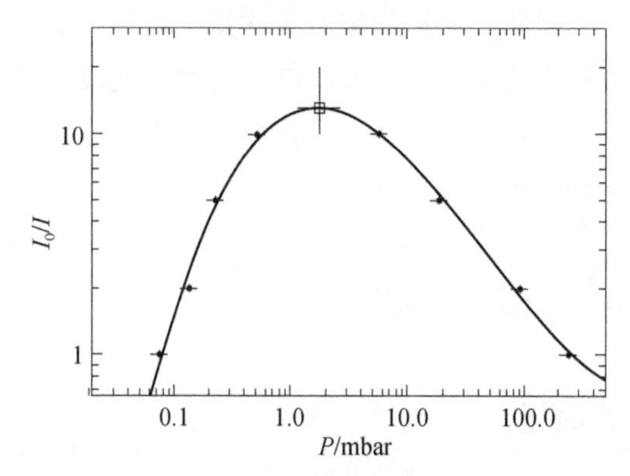

图 6.4　不同环境压力下颗粒喷射时对应的光强变化[19]

1bar=10^5Pa

该实验只能定性地分析环境压力对颗粒光泳特性的影响，因为每次试验颗粒被喷射出时的状态很难保证相同。根据对图 6.4 的分析后发现，随着环境压力的增大颗粒所受到的光泳力先增大后减小。而对于内在的机理，本章通过文献调研后发现，这主要是因为压力的不同会使得气体分子的平均自由程不同，而气体热导率与气体分子平均自由路径有关，进而会影响颗粒受到的光泳力的大小。

通过以上分析，可以发现颗粒在光照射下的光泳特性对于其类型、光照强度以及环境压力的依赖性很强。对于吸光性颗粒其在光照条件下由于被光子加热后其表面形成一定的温度梯度，使得迎光面温度较高而背光一侧温度较低，所以吸光性颗粒一般会发生正向光泳运动，即向着远离光源并与光束方向平行的方向移动。而颗粒受到的光泳力的大小会随着光照强度的增强而增大，所以可以通过改变激光器功率来改变颗粒受到的光泳力的大小，进一步来更加准确地调控颗粒运动；而周围环境压力主要通过影响气体分子的平均自由路径，进而影响介质的热导率而对颗粒的光泳特性产生影响。

大多数研究者都是在研究颗粒沿着光照方向上的光泳运动，而且认为光泳力的方向也是沿着光轴的方向[19]，而这与实际是不一致的，也有许多实验现象否定了这一观点，主要是因为他们在研究过程中将颗粒简化为了均质球形颗粒，而这与实际明显不符。为了理论上更加细致地研究颗粒在光照条件下的受力情况，本节提出了光泳升力的概念。当一个均质的球形颗粒受强度分布不均匀的光源照射时，实验发现，这种条件下流体中颗粒的运动相当复杂，颗粒并不只是受到沿光轴方向上的光泳力；当颗粒为形状不规则或者非均质的颗粒时，颗粒所受重力的方向很可能与光泳相关力的方向不一致，这时颗粒就会旋转起来，而球形颗粒在流体中旋转，就会受到经典的马格努斯升力作用。对于较大尺寸的颗粒而言，其表面光强的分布一般是不均匀的，而且在自身特性上也很难满足均质球形颗粒的特征。基于此，本节提出在光照射下，颗粒会受到光泳升力这一观点，并分析了该光泳升力的特性和相应的定量表达式。

6.3 第Ⅰ类光泳升力

6.3.1 概念的提出

在光照条件下，由于颗粒表面存在温度梯度和其自身调节系数的变化，使其受到光泳力的作用，而光泳力的方向与温度梯度的方向以及光强的分布是有很大关系的，所以光泳相关力也不止单一的沿光轴方向的作用方式。而根据光泳力的产生机理以及结合相关实验[1]观察到的颗粒光泳运动，当颗粒初始位置不在光轴中心处时，颗粒会向光轴中心运动，简单示意图如图 6.5 所示。

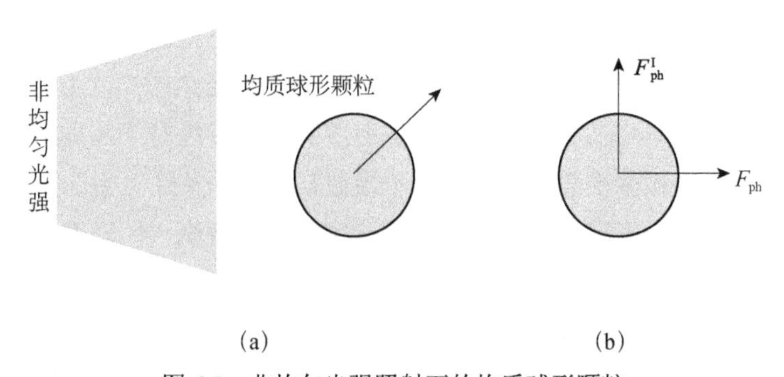

图 6.5　非均匀光强照射下的均质球形颗粒

如图 6.5（a）所示，颗粒初始位置不在光轴中心处，箭头所示为其运动方向；图 6.5（b）表示在这种情况下，颗粒受到的光泳相关力的情况。在非均匀光强照射下的均质球形颗粒，其受到的温度梯度力是向着光轴方向，也即是使得颗粒向着远离光源并靠近光轴中心的方向运动。当颗粒运动到光轴中心或光强分布的暗能量区域时，颗粒受到的垂直于光轴方向上的光泳相关力就会消失，即颗粒被限定在了光轴方向上。如果用两束相对传播的光，那么颗粒就会被捕获在稳定的位置，这也是光镊技术的原理。

通过光泳相关力产生的内在机理，可以比较容易地分析出本章所定义的第 I 类光泳升力的存在，而对于其大小量级还需要参考相关的计算理论进行推导。

6.3.2　定性分析

我们可以按照典型的求解方程的思路通过联立方程的方式，得到第 I 类光泳升力的表达式。一般来说，颗粒周围气体的温度场和颗粒表面温度场的分布会分别满足无热源和有热源的稳态温度分布，而颗粒周围气体的速度满足斯托克斯方程，通过对上述方程联合求解，就可以得到光泳升力的解析表达式。而对于在光照射下的颗粒温度的分布情况，其方程的热源项并不是由普通的均匀光强引起的，而是因为光强在空间上分布的变化引起的，这会使得求解上述方程组的过程相当复杂。基于上述分析联立方程求解第 I 类光泳升力的复杂性，这里采用类比的方法给出光泳升力的定量表达式，然后再进一步去验证类比得到的表达式的正确性。

为了求得第 I 类光泳升力的大小，需要先求解温度方程得到温度分布，然后求解速度方程。壁面速度边界条件取决于温度分布的解。得到温度分布后进而可以求解速度分布；得到速度分布后再沿着颗粒表面进行积分就可以获得光泳力的表达式。上述求解过程等价于求解作用在颗粒上的阻力，其中斯托克斯方程的壁面速度边界条件取为光泳速度。当计算萨夫曼升力时，速度边界条件包含均匀和剪切变化的两部分的分量，对应萨夫曼剪切流体。这两部分的流体作用力互相垂直。对于光泳升力，远场边界也包含两部分：一部分是均匀光强产生的温度梯度；另一部分是剪切变化的光强引起的温度分量。温度分布的影响可由光泳速度代替。光泳升力可综合相应地均匀平动和剪切速度得到。这与求萨夫曼升力时的方程和边界条件是一致的。因此，本章的比拟相对于严格的推导是有效的，可以开展。也就是说，在均匀光强照射下，颗粒受到的流体光泳力可以看作均匀来流中流体作用于颗粒的阻力。而在剪切变化的光照作用下，作用于颗粒的光泳升力可以比拟为具有剪切速度的流场中颗粒受到的萨夫曼升力，即滑移-剪切升力。

在均匀光强照射下，颗粒在流体中受到的光泳力可以看作均匀来流中颗粒受到的流体的阻力，流体速度为颗粒等效的光泳速度。而在空间分布不均匀的光强作用下，颗粒受到的第 I 类光泳升力可以通过类比颗粒在具有速度梯度流场中受到的滑移-剪切升力的计算方法推导得出。

这里对于滑移-剪切升力的产生机理，以及相应的模型进行简要说明。如图6.6所示，当颗粒位于速度梯度的流场中时，除了受到由速度梯度产生的牛顿剪切应力以外，根据伯努利原理，流体在速度较高的地方压力较小，在速度较低的地方压力相应较大。这样当球形颗粒放到存在速度梯度的流场区域时，由于速度梯度的存在而在球体的上下表面产生一定的压差，进而对球形颗粒产生一定的升力作用，这个力是由萨夫曼首次提出的，故称之为萨夫曼升力[20]，如图6.6所示。

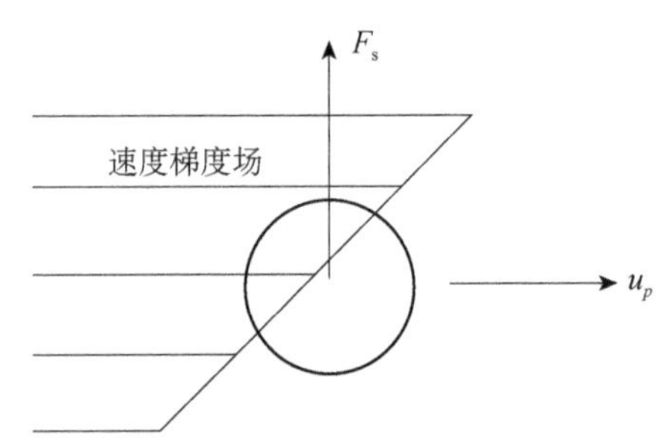

图6.6　速度梯度场中颗粒受到的萨夫曼升力

在1965年，萨夫曼利用奇异摄动法推导出了圆形球体在低雷诺数平面剪切流中所受到的升力定量表达式，计算公式如下[21]

$$F_S = \frac{1}{\nu}\sum\left\{\frac{3}{2n}a_n + \frac{2n}{n(n-2)}b_n\right\}a^{n+1} + \frac{3}{4}Ba^3 + \frac{3}{2}Ca \tag{6.1}$$

式中 a_n，b_n，B，C 为待定常向量；a 为颗粒的半径。

也可以通过简化等效为

$$F_S = \mu K U_0 a^2 k_u / \nu^{\frac{1}{2}} \tag{6.2}$$

式中 μ 为流体的黏性系数；ν 为运动黏度；k_u 为与速度剪切有关的系数；U_0 为球体运动速度。

6.3.3　定量表达

通过以上对第I类光泳升力的分析，我们发现可以结合萨夫曼升力来简化此类光泳升力的求解过程。而在光照条件下颗粒受到的光泳力的表达式为[6, 22]

$$F_{\text{ph}} = \frac{4\pi c_s \mu^2 I J_1}{\rho_f T_0 (k_p + 2k_f)} \tag{6.3}$$

其中 I 为入射光照强度，T_0 为流体的初始温度，μ 为流体的动力黏性系数，c_s 为热滑移系数，ρ_f 为流体在该温度下的密度，J_1 为颗粒能量吸收的对称因子，k_p 和 k_f 分别为粒子与流体的热导率。

而将光泳力与颗粒在光照条件下的平衡速度，即光泳速度联系起来时可以发现光泳力也可表示为$F_{\text{ph}}=6\pi\mu aU_{\text{ph}}$，$U_{\text{ph}}$为其等效的流体作用速度，其中

$$U_{\text{ph}}=\frac{2c_s\mu IJ_1}{3\rho_f T_0(k_p+k_f)} \tag{6.4}$$

而颗粒在光场中运动时，在不考虑重力的情况下其在运动初始时间只受到光泳力F_{ph}的作用，并在光泳力的作用下加速运动，随着颗粒速度的增大，其受到的空气阻力也逐渐增大，直到阻力增大到与颗粒受到的光泳力相互平衡时，颗粒会在光照下做U_{ph}匀速直线运动。由于实际颗粒在光照条件下的运动速度相当慢，所以达到平衡时颗粒运动的距离只是停留在厘米量级上，可以认为此处的光照强度与初始位置一样，也即，其运动过程中受到的光泳力不变。

从上述分析中，我们可以发现，颗粒最终的平衡速度只与颗粒受到的光泳力有关，而从光泳力的形成机理上分析，在同一频率的激光束照射下，颗粒受到的光泳力F_{ph}只与光照强度I有关，也即是颗粒在光照条件下的光泳速度U_{ph}只与光照强度有关，所以，颗粒光泳速度的表达式可以写为

$$U_{\text{ph}}=C_{\text{ph}}\cdot I \tag{6.5}$$

此处C_{ph}是只与颗粒和空气有关的颗粒光泳综合系数。

$$C_{\text{ph}}=\frac{2c_s\mu J_1}{3\rho_f T_0(k_p+k_f)} \tag{6.6}$$

在式（6.2）中，k_u表示的是与速度剪切有关的系数，而在颗粒光泳领域，由于光强分布不均匀而引入公式中的与光强分布梯度有关的系数记为K_{ph}，也即是

$$k_u\to K_{\text{ph}} \tag{6.7}$$

在萨夫曼升力中与空气黏度有关的项$\nu^{\frac{1}{2}}$，而在上述对光泳速度的分析中我们可以发现其实颗粒最终平衡时的光泳速度U_{ph}与空气黏度有着密切的关系。如果我们不从颗粒受到的光泳力的角度考虑，而是从颗粒在运动过程中受到的斯托克斯阻力的角度去考虑，那么

$$\nu^{\frac{1}{2}}\to\left(\frac{\partial U_{\text{ph}}}{\partial y}\right)^{\frac{1}{2}} \tag{6.8}$$

而球体在具有剪切梯度的流场中运动的速度项U_0与颗粒在具有梯度分布光强照射下形成的光场中运动的微纳米颗粒的光泳速度U_{ph}是等效的，也即

$$U_0\to U_{\text{ph}} \tag{6.9}$$

通过以上分析与类比的思想，比拟颗粒在剪切流动中受到的滑移-剪切升力，见方程（6.3），可以得到第 I 类光泳升力的表达式为

$$F_{\mathrm{pl}}^{I}=\mu K_{\mathrm{ph}}U_{\mathrm{ph}}a^{2}\left(\frac{\partial U_{\mathrm{ph}}}{\partial y}\right)^{\frac{1}{2}} \tag{6.10}$$

而将方程（6.5）代入到上式后，第 I 类光泳升力可以表达为

$$F_{\mathrm{pl}}^{I}=\mu a^{2}K_{\mathrm{ph}}(C_{\mathrm{ph}})^{\frac{3}{2}}I\left(\frac{\partial I}{\partial y}\right)^{\frac{1}{2}} \tag{6.11}$$

其中 $K_{\mathrm{ph}}=0.343$。

类比滑移-剪切升力的简化过程[21]，第 I 类光泳升力也可等效简化为

$$F_{\mathrm{pl}}^{I}=6\pi\mu aU_{\mathrm{pl}} \tag{6.12}$$

U_{pl} 为颗粒受到的等效的流体速度。

实际上，可以采用空间变换的方法，把照射光强逐渐变化的作用变换为均匀光强的作用，经过该变换关系后球形粒子将变成类似蛋球形的颗粒。如果以蛋球形函数表示粒子的边界，这样远场可以采用均匀强度条件，再结合温度的稳态导热方程和速度的斯托克斯方程进行求解。实际上，这可以理解为等价于粒子形状的非对称性导致了此类光泳升力的出现。

6.3.4 对比验证

为了验证类比推导出的第 I 类光泳升力的表达式，由于实验条件的限制，本节我们采用前人的实验数据进行验证。作为与实验的对比，这里选取空气中碳粉颗粒在光照射下的光泳运动进行验证。

通过光镊系统的实验[16]观察到，具有强吸光性的黑色碳粉颗粒做绕光轴中心的旋转运动。旋转半径为 34μm，颗粒半径为 5μm，平均密度为 $\rho_f=2\times10^{3}\,\mathrm{kg/m^{3}}$。实验中激光功率在 65～100mW 变化，室温下空气的动力黏性系数为 $\mu_f=1.81\times10^{-5}\,\mathrm{Ns/m^{2}}$，滑移系数为 $C_s=1.17$，对称因子为 $J_1=-0.35$ [12]。颗粒和空气的热导率分别为 $k_p=6.92\,\mathrm{W/(m\cdot K)}$ 和 $k_f=1.01\times10^{-2}\,\mathrm{W/(m\cdot K)}$。将上述参数代入等效光泳速度公式，可得 $U_{\mathrm{ph}}=1.59\times10^{-3}\,\mathrm{m/s}$。由于光强的轴对称性，光强的导数 $\frac{\partial I}{\partial z}$ 和 $\frac{\partial I}{\partial x}$ 大小相等。进而可得这类光泳升力的范围为 $F_{\mathrm{pl}}^{I}=0.58\times10^{-12}$ ～ $1.11\times10^{-12}\,\mathrm{N}$。

光泳升力主要提供了碳粉颗粒旋转的向心力。虽然颗粒在做旋转运动，但不是自身的旋转效应，这里主要是由光强的变化引起的升力作用。这与实验得到的力的范围为 $F = 0.35\times10^{-12} \sim 1.37\times10^{-12}\,\mathrm{N}$，在量级上是符合的，但具体数据上存在一定差别，主要是由颗粒重力以及形状的不规则形引起的，才导致了最后得到的数据上的差异。

6.4　第Ⅱ类光泳升力

本节考虑在均匀光强照射下，实际颗粒自身的旋转情况，而由于颗粒在流体中旋转，会产生一定的提升力，该力也是一种光泳相关力，这里将这种对颗粒的提升力定义为第Ⅱ类光泳升力。

6.4.1　概念的提出

大多数研究者在他们的研究中通常只是考虑颗粒沿光轴方向的运动[18, 23-25]，即只考虑了轴向的光泳力；而且在研究中通常把颗粒的模型简化为均质球形颗粒进行分析计算（图 6.7），这与实际颗粒的特征有较大的差别，为了更加准确地分析颗粒在光照条件下的受力情况，更加精确地操控颗粒，本节对颗粒建立了三种模型，对其受力情况进行了具体的分析，如图 6.7 所示。

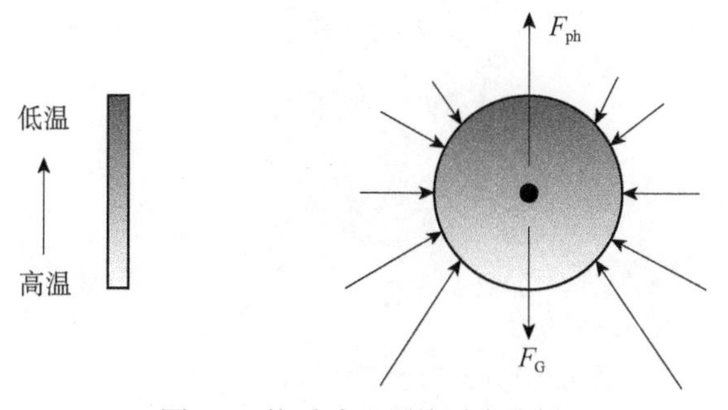

图 6.7　均质球形颗粒受力分析

如图 6.7 所示，大多数研究者是将颗粒简化成均质球形颗粒，这种模型使得颗粒在光照条件下受到的光泳力与颗粒自身的重力共线，颗粒不会受到扭矩的作用而旋转起来。我们知道，这种颗粒模型是不符合实际的，下文简单建立了两种更符合实际颗粒特征的物理模型，进一步对其进行受力分析，更加准确地研究颗粒的光泳运动。

图 6.8 中建立的是一种非均质球形颗粒的模型，此时，颗粒在光照射下受到的光泳力与颗粒自身重力方向不共线，这时颗粒就会受到一定的扭矩而旋转起来。通过旋转来改变颗粒表面的温度分布，具有使颗粒光泳力与重力共线的趋势。

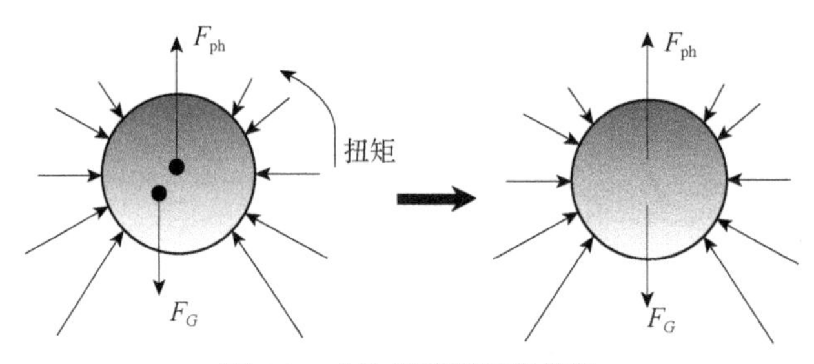

图 6.8　非均质球形颗粒模型

颗粒几何形状的不规则形也会使得颗粒受到的光泳力与自身重力方向不共线（图 6.9），这时，颗粒也会旋转起来，这时颗粒的旋转情况比较复杂，旋转轴可能不再垂直于光轴方向。但是，无论旋转过程如何复杂，颗粒最终会处于两种状态。Loesche 等[26]通过研究颗粒旋转对光泳力的影响，分析后得出颗粒旋转会使得颗粒最终处于两种状态：一种是最终颗粒自身旋转轴与光轴方向平齐，在这种状态下，颗粒的旋转不会影响到颗粒迎光面与背光面的光强分布，而达到一种稳定的状态；另一种是颗粒做绕着光轴旋转的螺旋运动。

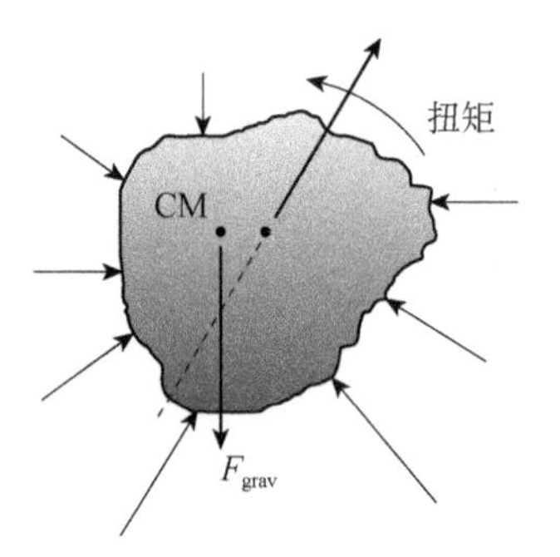

图 6.9　几何形状不规则的颗粒模型[19]

6.4.2　定性分析

第Ⅱ类光泳升力的联合方程求解计算其解析表达式与第Ⅰ类光泳升力过程相似，联合方程求解思路非常复杂，所以，对于此类光泳升力的影响同样采用类比的方法进行求解。当计算马格努斯升力时，速度边界为平动和转动两部分。这两部分的流体作用力互相垂直。对于此类光泳升力，壁面速度边界也包含两部分，一部分来源于局部温度梯度的贡献，另一部分为旋转的速度分量。温度分布的影响可由光泳速度代替。此类光泳升力可由相应的平动和转动的速度分量边界条件得到。这与求马格努斯升力时的方程和边界条件是一致的。因此，本节的比拟是可行的。总之，在均匀温度梯度下，粒子所受的流体光泳力可以看作均匀来流中粒子受到的流体的阻力，流体速度为颗粒等效的光泳速度。而在温度梯度作用下，颗粒受到的此类光泳升力可以类比为均匀速度流场中旋转粒子受到的马格努斯升力。

旋转的球体在空中运动时，其向前运动轨迹会偏离原来的方向，这种现象体现了著名的马格努斯效应。这是由于球体在运动过程中不仅受到重力的影响，而且还受到因旋转而产生的马格努斯提升力的作用，其运动呈现显著的弧形轨迹。

1. 形成原理

当一个旋转的球形物体其角速度的方向与其流体速度方向不一致时，由于球体表面与流体之间的黏性力作用，就会在垂直于两方向组成的平面产生一个横向作用力，使其运动轨迹发生变化。如图 6.10 所示，球形物体的旋转会影响其周围流体的运动，使得该球形物体一侧的速度增加，一侧的速度减少。根据伯努利定律，流体速度大的区域其压力相对较小，这样在球体两侧就会产生一个压力差，在图 6.10 情况下，就会产生一个对球体的提升力，这就是马格努斯力的形成机理[27]。

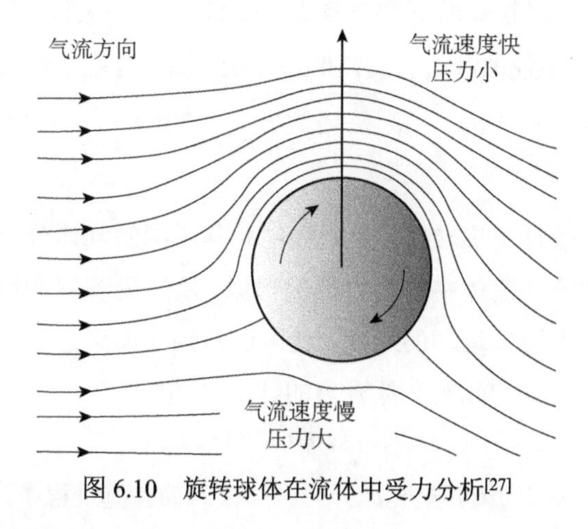

图 6.10　旋转球体在流体中受力分析[27]

2. 马格努斯现象

很多体育运动尤其是球类运动中都存在马格努斯效应，比如足球中的香蕉球，乒乓球中的弧圈球等现象。足球在空气流体中运动时，如果其旋转的方向与气体流动方向一致，由于球体表面与周围气体分子之间的相互作用，球体一侧的压力会升高，而球体另一侧的压力会下降，使球体受到一定的压差作用，这就是经典的马格努斯效应。而颗粒在光照条件下由于旋转而产生的提升力可以类比于马格努斯提升力进行计算。

6.4.3 定量表达

根据 6.4.2 节对马格努斯提升力的机理分析，可以发现，在光照条件下，旋转颗粒受到的光泳相关力可以类比于马格努斯计算理论获得。而旋转颗粒在流体中运动时受到的马格努斯升力通常由下式计算[27]

$$F_M = C_M \rho \pi a^3 \omega \times V \tag{6.13}$$

其中 $C_M = 1 + O(Re)$，在极小雷诺数下，即 $Re = \dfrac{\rho V d_p}{2\mu} \ll 1$，上式 $C_M = 1$。

对于一般光强照射条件下流体中颗粒的光泳运动，标准状态下空气的密度 $\rho = 1.29\text{kg/m}^3$，而在该标况下其黏性系数为 $\mu = 1.42 \times 10^{-4}\text{Pa} \cdot \text{s}$，如果颗粒直径取为 $d_p = 40\mu\text{m}$，则由光泳速度的计算式（6.4）可以得到光泳速度 $U_{\text{ph}} = 1.10 \times 10^{-3}\text{m/s}$，则雷诺数 $Re = 1.82 \times 10^{-3}$，满足蠕流流动的情况。

而在常温条件下，水的密度黏性系数 $\rho = 1.0 \times 10^3\text{kg/m}^3$，如果取颗粒直径 $d_p = 50\mu\text{m}$，对于石墨粉颗粒其热导率 $k_p = 220\text{W/(m} \cdot \text{K)}$，水的热导率和动力黏性系数分别为 $k_f = 0.60\text{W/(m} \cdot \text{K)}$ 和 $\mu = 1.01 \times 10^{-3}\text{Pa} \cdot \text{s}$，代入到光泳速度的表达式可得 $U_{\text{ph}} = 1.90 \times 10^{-2}\text{m/s}$，则雷诺数 $Re = 4.70 \times 10^{-4}$，亦满足蠕流流动对于小雷诺数的要求。

当颗粒在光照条件下旋转时，由于颗粒和其周围的气体分子之间的相互作用与球形物体在液体流动流体中的受力情况相似，所以说若用颗粒等效的光泳速度替代马格努斯升力中流体运动的速度，就可以得到在光照条件下由颗粒自身在流体介质中的旋转所引起的此类光泳升力的计算表达式

$$F_{\text{pl}}^R = \rho \pi a^3 \omega \times U_{\text{ph}} \tag{6.14}$$

这部分升力可以称为第Ⅱ类光泳升力。该公式的计算过程中直接将颗粒平动和转动的速度进行了叠加，所以要求该公式需要满足蠕流流动的条件，即 $Re \ll 1$。此类光泳升力的作用方向与入射光照射的方向垂直，而且该力的方向也与颗粒自

身旋转轴的方向垂直，这种关系从该光泳相关力的计算表达式也可以反映出来。该公式表明，当颗粒自身旋转轴的方向与入射光照射的方向平行时，这一光泳升力对颗粒自身受力情况的影响不大，这与实验结果[1]也是符合的。实际上，对于颗粒在流体中的受力和运动情况，其旋转的频率不能太高也不能太低。当光照强度较高且颗粒自身旋转速度很快时，颗粒表面的温度分布梯度将会减小甚至消失，所以此时颗粒不会受到第Ⅱ类光泳升力；当颗粒旋转频率很低时，颗粒受到的此类光泳升力与受到的经典光泳力相比在量级上相差很大，此时就不需要考虑第Ⅱ类光泳升力对颗粒产生的影响，即要求颗粒旋转的速度不能太快，也不能过慢。

事实上，可以通过下面这个简易的过程对光泳升力进行近似的解释。颗粒的旋转会带动绕壁面附近流体的运动，相应地颗粒附近的温度梯度随之旋转，等效的光泳相关力也会随之变化。光泳力和光泳升力相当于等效光泳合力的两个分量。对比颗粒旋转引起温度的变化与光照射对壁面附近流体的影响作用，两者之间的相互平衡，决定了等效温度梯度方向不会变化太大，它与相应粒子的转动速度和流体反应时间有关。

6.4.4　定性验证

由于实验条件的限制，而且前人的研究数据中并没有研究颗粒旋转产生的力的作用，所以这里采用前人实验中的一些现象验证第Ⅱ类光泳升力的存在性。

作为实验和模拟的定性对比分析，这里选取几种微粒的光泳运动进行验证。一般地，颗粒的旋转会改变颗粒的温度梯度。在这种情况下，旋转频率的影响将是重要的。快速旋转可以平衡温差，并减少由添加的光源产生的光强。另一方面，缓慢旋转可产生力的横向分量并加速或减速颗粒，从而导致径向漂移[28]。

通过微重力实验塔弹射模式的实验，观察玻璃容器中微小的陨石球粒，如图 6.11 所示可以看出侧向的颗粒运动，并进行测量。颗粒大小范围为 90～500μm。颗粒旋转特别快时，比如极限的情况，颗粒可视为均匀加热，光泳力强度减弱很多。而对于相对较慢的旋转，颗粒的热加热部分稍微落入阴影侧，反之亦然，这意味着光泳的侧向作用。例如 Loesche 在他们论文中指出，由光泳引起的力和入射光之间的最大夹角甚至可以达到大约 52°[26]，如图 6.12 所示。

图 6.11　高速摄相机记录粒子轨迹，可视为多次曝光的叠加[29]

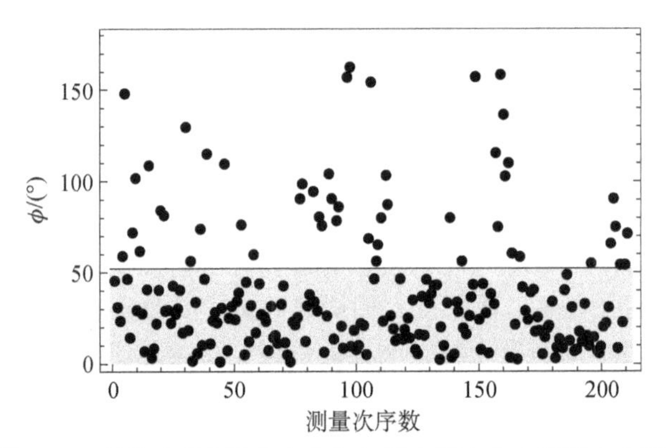

图 6.12　颗粒受到光泳力方向与入射光照方向之间的夹角[26]

不过，由于他们的实验不是专门研究旋转的影响，所以暂无法进行严格的定量对比。另外，Küpper[29]等的数值和实验研究也清楚地展示了旋转引起的侧向运动，这与本节中提出的颗粒的旋转会产生横向的力，从而引起颗粒的径向移动的考虑是一致的。

第一部分通过对颗粒由于光强变化而产生的垂直光轴方向的光泳相关力进行了分析，本节将其定义为第 I 类光泳升力，又通过类比的方法推导出其表达式，并根据前人的实验数据进行定量对比分析，验证给出该升力的表达式；第二部分考虑了实际颗粒的非均质不规则几何特征对颗粒自身光泳运动的影响，建立了相应的物理模型对颗粒进行受力分析，说明了颗粒旋转的可能性。然后，通过类比旋转球体在流体中受到的马格努斯力推导出该提升力的表达式，并将该力定义为第Ⅱ类光泳升力。根据两种力的形成原理以及对力的方向的分析，这两种力具有线性特征。所以球形颗粒在光照射条件下受到的总的光泳升力定量表达为$F_{\text{pl}} = F_{\text{pl}}^{I} + F_{\text{pl}}^{R}$。

6.5　本章小结

基于对光泳原理的颗粒驱动的研究，本章主要通过物理建模定性分析、理论分析以及利用前人实验现象和实验数据验证的方法开展研究工作，本章研究的主要结论如下。

（1）颗粒类型、光照强度及环境压力对于颗粒的光泳运动都有较大影响。对于吸光性颗粒来说，其受到的光泳力较大，而且颗粒尺寸越大，颗粒表面形成的温度梯度就会相应增大，光泳相关力也就越大；吸光性和折射性颗粒在光照条件下分别发生正向和负向光泳运动；而光照强度与颗粒受到的光泳力成正比关系，所以在实际操控过程中，可以通过增大激光器功率的方式来增加颗粒受到的光泳力；颗粒的光泳特性对环境压力的依赖性也较大，环境压力主要通过影响颗粒周围气体介质的热导率影响其受到的光泳力。

（2）通过物理建模和理论分析的方法，提出了光泳升力的概念。该升力主要由两部分组成[30]：一部分是由于光强分布不均匀和颗粒初始位置，而产生的垂直于光轴的力；另外一部分是由于实际颗粒的特征，在光照条件下自身的旋转产生的一种提升力。本章将这两种力分别定义为第Ⅰ类光泳升力和第Ⅱ类光泳升力，推导出了光泳升力的表达式，并利用实验数据进行验证分析。

（3）基于光泳原理的颗粒驱动由于其具有非接触、无损伤、高精度的特性而被广泛应用于物理、化学、医药以及温室效应和空间科学领域。本章的研究在一定程度上补充了光泳力理论，有利于更加精确地调控颗粒的运动。

然而，颗粒在入射光照射下受力情况和运动形式较为复杂，影响光泳力的因素还有很多，本章基于光泳理论的颗粒驱动研究还有很多需要进一步探究和改进的地方，比如介质的热导率以及颗粒的折光率对颗粒光泳特性的影响。

参考文献

[1] Shvedov V，Davoyan A R，Hnatovsky C，et al. A long-range polarization-controlled optical tractor beam. Nature Photonics，2014，8：846-850.

[2]Cuello N，Gonzalez J F，Pignatale F C. Effects of photophoresis on the dust distribution in a 3D protoplanetary disc. MNRAS，2016，458（2）：2140-2149.

[3]Hidy G M，Brock J R. Photophoresis and the descent of particles into the lower stratosphere. Journal of Geophysical Research，1967，72（2）：455-460.

[4]Tong N T. Photophoretic force in the free molecule and transition regimes. Journal of Colloid and Interface Science，1973，43（1）：78-84.

[5]Chernyak V，Beresnev S. Photophoresis of aerosol particles. Journal of Aerosol Science，1993，24（7）：857-866.

[6]Zulehner W，Rohatschek H. Representation and calculation of photophoretic forces and torques. Journal of Aerosol Science，1995，24（1）：201-210.

[7]Tehranian S，Giovane F，Blum J，et al. Photophoresis of micrometer-sized particles in the free-molecular regime. International Journal of Heat and Mass Transfer，2001，44（9）：1649-1657.

[8]Yalamov Y I，Kutukov V B，Shchukin E R. Theory of the photophoretic motion of the large-size volatile aerosol particle. Journal of Colloid and Interface Science，1976，57（3）：564-571.

[9]Mackowski D W. Photophoresis of aerosol particles in the free molecular and slip-flow regimes. International Journal of Heat and Mass Transfer，1989，32（5）：843-854.

[10]Keh H J，Tu H J. Thermophoresis and photophoresis of cylindrical particles. Colloids Surfaces A，2001，176（2）：213-223.

[11]欧昌霖. 椭球粒子之热泳与光泳运动. 台北：国立台湾大学，2004.

[12]傅怀梁. 纳米流体热物理和泳输运特性理论研究. 苏州：苏州大学，2013.

[13]Lei H X，Zhang Y，Li X M，et al. Photophoretic assembly and migration of dielectric particles and coli in liquids using a subwavelength diameter optical fiber. Lab Chip，2011，11（13）：2241-2246.

[14]张志刚，刘丰瑞，张青川，等. 红外显微观测被俘获吸光性颗粒. 物理学报，2013，62（20）：208702.

[15]张泽. 纳米悬浊液及空气中激光束自会聚效应研究. 哈尔滨：哈尔滨工业大学，2013.

[16]刘丰瑞. 基于光泳力的光镊系统研究. 合肥：中国科技大学，2014.

[17]罗慧. 激光束在非 Kolmogorov 湍流中的传输因子及其捕获特性的研究. 芜湖：安徽师范大学，2014.

[18]张志刚，刘丰瑞，张青川，等. 空间散斑场捕获大量吸光性颗粒及其红外显微观测. 物理学报，2013，63（2）：028701.

[19]Wurm G，Krauss O. Dust eruptions by photophoresis and solid state green house effects. Physical Review Letters，2006，96（13）：134301.

[20]袁竹林，朱立平，耿凡，等. 气固两相流动与数值模拟. 南京：东南大学出版社，2013.
[21]Saffman P G T. The lift on a small sphere in a slow shear flow. Journal of Fluid Mechanics，1965，22（02）：385-400.
[22]Phuoc T X. A comparative study of the photon pressure force，the photophoretic force，and the adhesion van der Waals force. Optics Communications，2005，245（1）：27-35.
[23]Ashkin A，Dziedzic J M，Yamane T. Optical trapping and manipulation of single cells using infrared laser beam. Nature，1987，330：769-771.
[24]Perkins T T，Quake S R，Smith D E，et al. Relaxation of a single DNA molecule observed by optical microscopy. Science，1994，264（5160）：822-826.
[25]Lewittes M，Arnold S. Radiometric levitation of micron sized spheres. Applied Physics Letters，1982，40（6）：455-457.
[26]Loesche C. Photophoretic strength on chondrules. 2. Experiment. The Astrophysical Journal，2014，792（1）：73-87.
[27]Borg K，Essén H. Force on a spinning sphere moving in a rarefied gas. Physics of Fluids，2003，15（3）：736-741.
[28]Eymeren J V，Wurm G. The implications of particle rotation on the effect of photophoresis. Mon. Not. R. Astron. Soc，2012，420（1）：183-186.
[29]Küpper M，Beulea C，Wurm G. Photophoresis on polydisperse basalt microparticles under microgravity. Journal of Aerosol Science，2014，76（1）：126-137.
[30]Dong S L，Liu Y F. Investigation on the photophoretic lift force acting upon particles under light irradiation. Journal of Aerosol Science，2017，113：114-118.

第 7 章　球形纳米颗粒的光学吸收性能

光能除了可以驱使颗粒运动，还能被颗粒吸收转化为热能，尤其对于纳米尺寸的粒子，效果更好。纳米粒子由于其优异的光学和热学性能被广泛地应用到太阳能发电领域，以提高对太阳辐射能量的利用效率。纳米流体一方面可实现太阳能的体吸收[1]，另一方面，可用于光伏光热一体化系统[2]。在基于纳米流体的太阳能光伏光热混合系统中，选择光吸收能力强的纳米颗粒可以有效地提高系统的光捕获能力，进一步提高光伏光热一体化系统的综合效率。基于此，本章主要在理论上探究了不同材料的球形纳米颗粒的光学性能，分析了颗粒材料、颗粒尺寸对于纳米粒子光吸收和光散射能力的影响，为后期选择与太阳辐射光谱匹配度高、光吸收性能强的纳米颗粒以及其相应的最佳颗粒尺寸提供理论参考。

本章主要研究了 CuO、碳、石墨等几种不同材料的纳米颗粒在不同直径下的光吸收和光散射能力，通过 FDTD 数值方法求解纳米颗粒与太阳辐射相互作用的麦克斯韦方程，得到了以水为基液的碳、石墨和 CuO 等纳米颗粒的光吸收及光散射特性。

7.1　仿真系统及计算理论

7.1.1　FDTD Solutions 软件简介

FDTD Solutions 是一种基于有限差分时域法数值方法的模拟软件，主要用于分析微米尺度和纳米尺度光电器件。它拥有高级的材料自动建模能力，自动优化的非均匀网格，以及强有力的并行计算能力，因此它是工业界最得力的宽波带微纳米光学模拟设计软件[3]。FDTD 方法采用一定的网格划分方式离散场域，然后对场内的麦克斯韦方程配合各种边界条件，进行二阶中心差分离散，得到差分方程组，进而迭代求解[4]。当仿真系统各参数确定以后（材料参数、物体几何参数以及仿真区域等参数），引入适当的边界条件，这样迭代的求解过程就可以在仿真区域内已经划分好的 Yee 氏网格空间中进行，能够计算出纳米粒子在任意时刻任意波长下电磁场的分布情况，然后再通过傅里叶变换，就能够得到所设置的光源波长范围内材料的吸收和散射光谱。

7.1.2　仿真系统

本章采用典型的 FDTD 仿真系统，如图 7.1 所示，材料和直径不同的纳米颗粒（20～200nm）放置于基液水的中心，仿真区域在 X，Y，Z 方向上尺寸均为 1000nm，采用理想匹配层（PML）边界条件，仿真区域采用 FDTD 自动生成的非均匀网格，考虑到散射区域介质折射率的变化，在其内部使用更精细的网格覆盖，以确保仿真结果的精确性。选择 TFSF（全场散射场）光源类型来研究纳米颗粒的吸收和散射特性，并确定其传播方向和极化方向，仿真区域内设置吸收和散射监视器来获取纳米颗粒在光照条件下的吸收及散射光谱，并设置有 DFT 电场监视器以获取颗粒内部和周围的电场分布。

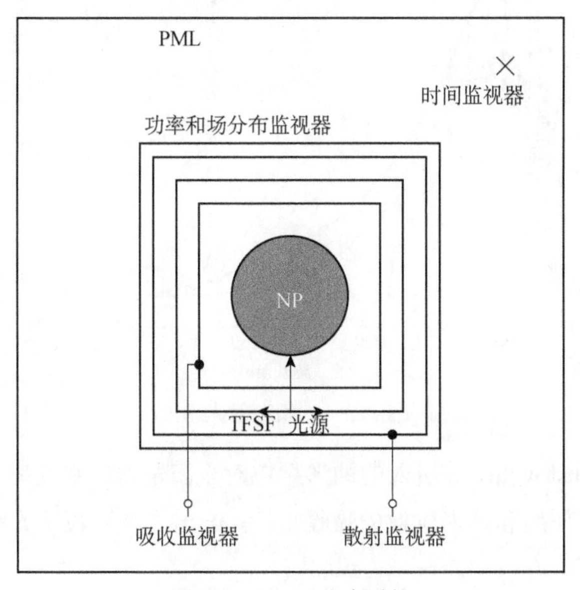

图 7.1　FDTD 仿真系统

7.1.3　光学性能计算

通过 FDTD 仿真可以得到纳米颗粒在光照条件下的吸收和散射截面，但为了得到分散在水中的碳、石墨和氧化铜纳米颗粒在标准太阳辐射下的光学性能，进一步计算得到不同纳米颗粒在不同直径下的吸收和散射功率。光源采用标准太阳辐射数据 AM1.5[5]，如图 7.2 所示，AM0 为大气圈外的太阳辐射光谱；AM1.5 表示海平面上接收到的标准太阳辐射光谱；拟合曲线用于计算不同纳米颗粒的光吸收和光散射功率。纳米颗粒吸收与散射功率计算公式如下[6]

$$P_{\text{abs}} = \int_{\lambda_1}^{\lambda_2} I_{\text{AM1.5}}(\lambda)\sigma_{\text{abs}}(\lambda)\mathrm{d}\lambda \tag{7.1}$$

$$P_{\text{sca}} = \int_{\lambda_1}^{\lambda_2} I_{\text{AM1.5}}(\lambda)\sigma_{\text{sca}}(\lambda)\mathrm{d}\lambda \tag{7.2}$$

式中 $I_{\text{AM1.5}}(\lambda)$ 为标准的太阳辐射强度；σ_{abs} 和 σ_{sca} 分别代表纳米颗粒的吸收和散射截面；λ_1 和 λ_2 分别表示标准太阳辐射的最小和最大波长。

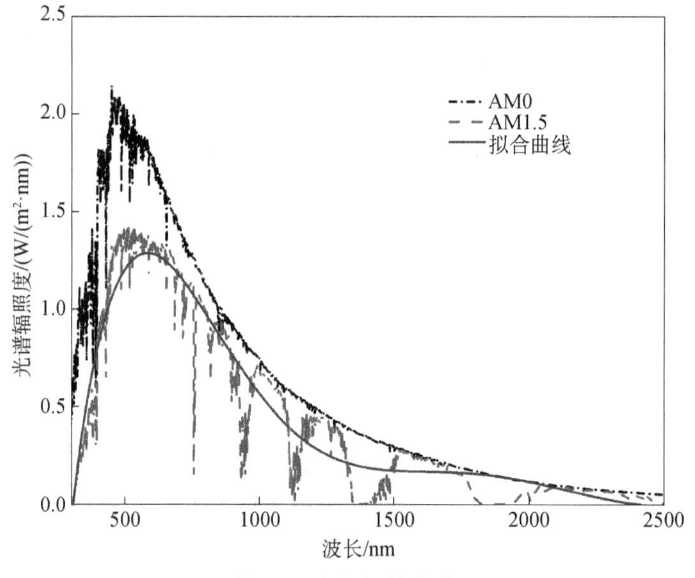

图 7.2　太阳辐射光谱

本章根据 Pustovalov 等引入的纳米颗粒对太阳辐射的吸收率，分析纳米颗粒与太阳辐射相互作用和纳米颗粒的吸收特性，给出了纳米粒子光吸收和光散射的关系，公式如下[6]

$$\alpha = \frac{P_{\text{abs}}}{P_{\text{abs}} + P_{\text{sca}}} \times 100\% \tag{7.3}$$

从吸收率的公式可以看出，这一评价纳米颗粒吸收特性的参数与入射光功率没有关系，并不能对其在太阳辐射下的实际吸收性能进行评价，鉴于此，Paris 等[7]引入了平均吸收功率这一参数，计算公式如下

$$\bar{Q}_{\text{abs}} = \frac{\int I(\lambda) Q_{\text{abs}}(\lambda) \text{d}\lambda}{\int I(\lambda) \text{d}\lambda} \tag{7.4}$$

式中 $Q_{\text{abs}}(\lambda) = \frac{\sigma_{\text{abs}}}{\pi r^2}$ 为颗粒吸收效率参数，r 为纳米颗粒的半径。

7.2　典型黑色颗粒的吸收性能分析

碳、石墨作为黑体颗粒，具有较好的集热性能，而氧化铜作为金属氧化物，具备一定的金属颗粒共振吸收特性，使得其对某特定波段具有较好的光吸收能力。本节主要从理论上研究这三种材料的纳米颗粒的光吸收和光散射特性，及其对应的最佳光吸收直径，可以选择最佳的纳米颗粒用于独立的光热系统中，从而为提高系统的集热性能提供理论参考。

7.2.1　材料的折射率参数

如图 7.3 所示，分别给出了碳、石墨和氧化铜纳米颗粒在不同波长下的折射率的实部 n 和虚部 k，材料的折射率数据从文献或者材料数据库中获得[8-10]。实部参数 n 为吸收性材料的折射率参数，它决定了太阳辐射波的传播速度；而虚部参数 k 决定了光以波的形式在介质中传播时的衰减，也即是对光能的吸收，故可称为材料的吸收系数。

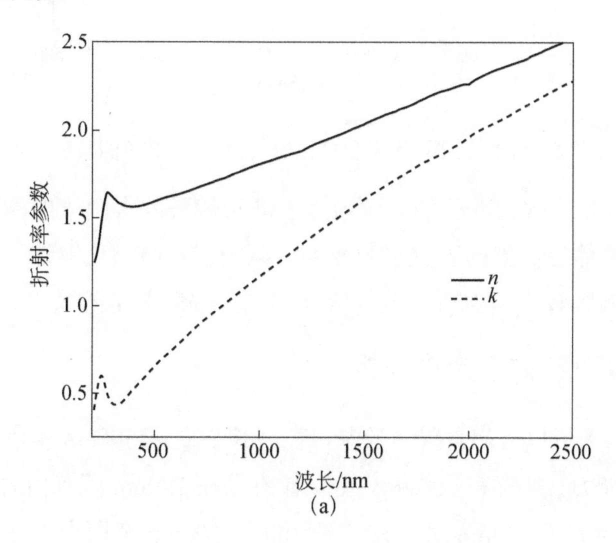

(a)

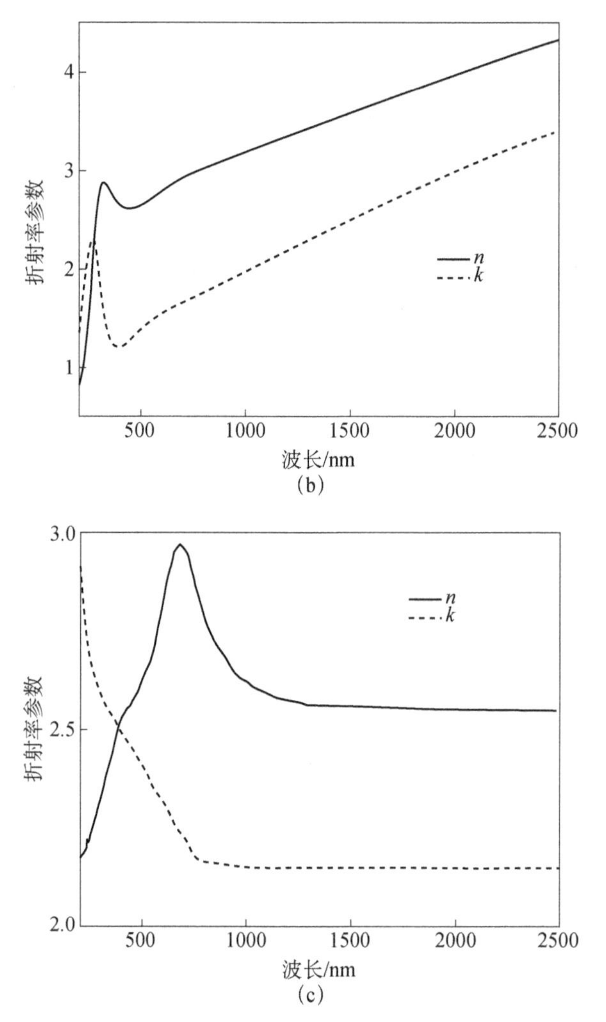

图 7.3　碳（a）、石墨（b）和氧化铜（c）纳米颗粒的折射率参数

由图 7.3 可知，碳和石墨纳米颗粒对于波长较长的太阳辐射能量具有较大的吸收系数，在整体上石墨的吸收系数要高于碳材料；而氧化铜纳米颗粒的吸收系数在紫外和红外区较高，但对于波长较长的太阳辐射能量其吸收系数较低。

7.2.2　吸收和散射光谱分析

从图 7.4（a）可以看出，碳纳米颗粒在波长 200～2500nm 范围内均表现出了很好的光吸收能力，并存在吸收峰。当颗粒直径在 120nm 范围内时，存在单一的吸收峰；当直径大于 120nm 时，在波长 200～2500nm 范围内存在两个吸收峰，对应的峰值波长范围分别为 230～260nm 和 900～1050nm，其随着碳纳米颗粒尺寸的增大，峰值的位置逐渐向长波长方向移动，并在红外区域存在宽的吸收带。对于非金属碳、石墨和氧化铜纳米颗粒表面存在等离子共振效应，但是相对于金属其为有损的等离子共振，故其具有较宽的吸收宽[11]。而从图 7.4（b）可知，对于不同直径的碳纳米颗粒均表现为单一的散射峰值，其峰值波长随着颗粒直径的增加向长波长方向移动，分布在 220～260nm 波长区间内。从吸收和散射光谱可以看出，尺寸对碳纳米颗粒的吸收和散射特性均有较大的影响。

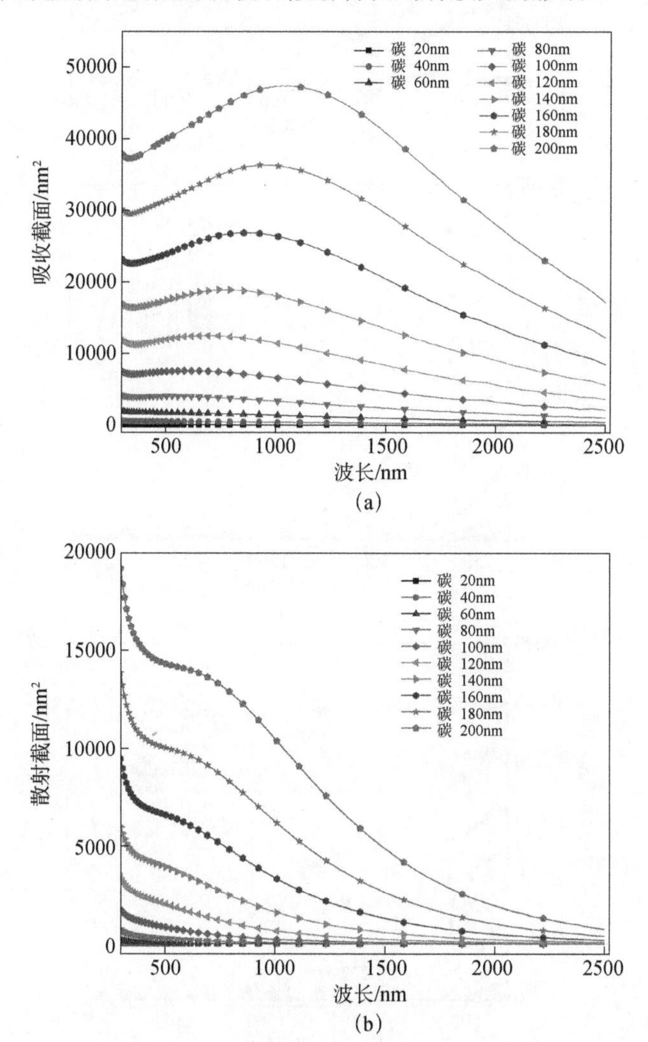

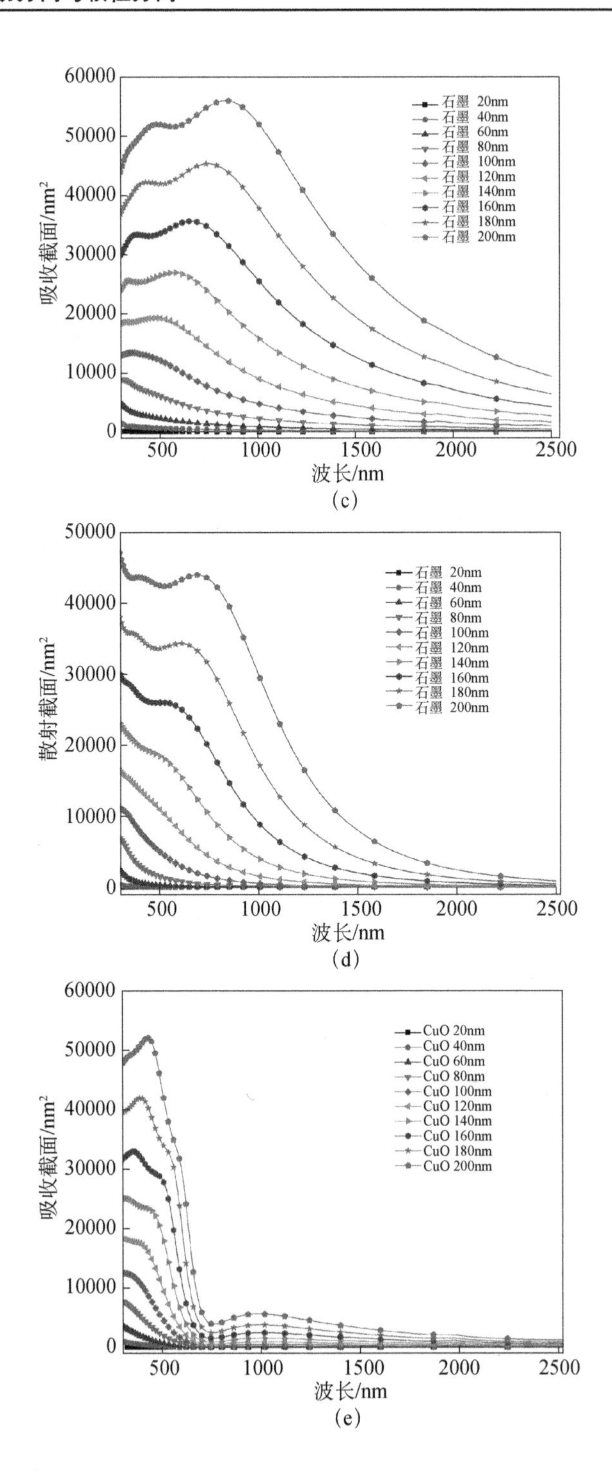
吸收截面/nm²
波长/nm
石墨 20nm
石墨 40nm
石墨 60nm
石墨 80nm
石墨 100nm
石墨 120nm
石墨 140nm
石墨 160nm
石墨 180nm
石墨 200nm
散射截面/nm²
CuO 20nm
CuO 40nm
CuO 60nm
CuO 80nm
CuO 100nm
CuO 120nm
CuO 140nm
CuO 160nm
CuO 180nm
CuO 200nm

(c)

(d)

(e)

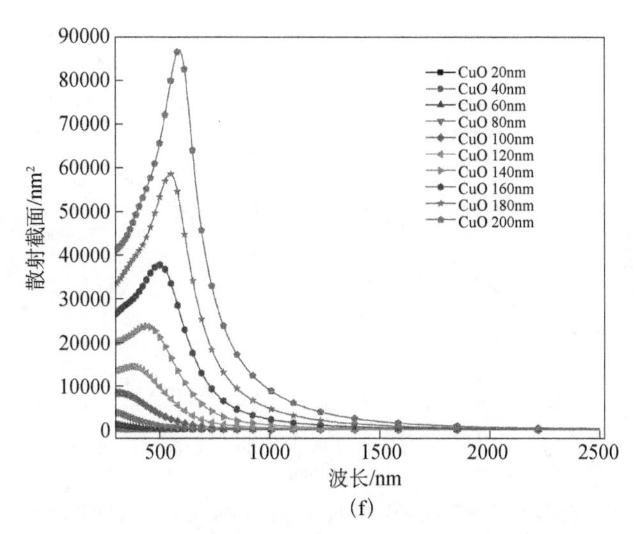

(f)

图 7.4　碳、石墨和氧化铜纳米颗粒的吸收和散射截面：（a）碳吸收截面；（b）碳散射截面；（c）石墨吸收截面；（d）石墨散射截面；（e）氧化铜吸收截面；（f）氧化铜散射截面

图 7.4（c）和（d）展示了不同尺寸的石墨纳米颗粒的吸收和散射特性，从吸收光谱整体来看，石墨纳米颗粒的吸收能力要明显高于相同尺寸下的碳纳米颗粒，当颗粒直径大于 120nm 时，在可见和近红外区域具有较强的吸收峰值，且具有较宽的吸收带，表明其在可见和近红外区具有较高的吸收能力，高于相同尺寸下的石墨颗粒。而其散射效率也明显高于碳纳米颗粒。当颗粒直径小于 100nm 时，散射峰位于紫外区，并随尺寸增大发生红移，但是当尺寸达到 100nm 时，由于峰值逐渐分裂为两个散射峰，二次散射峰值随着颗粒直径的增大明显地向近红外区方向移动，而对一次散射峰波长的影响很小。石墨的吸收和散射能力对颗粒尺寸非常敏感。从图 7.4（e）可以看出，氧化铜纳米颗粒在紫外和可见光波长范围内具有较强的吸收能力，在近红外区吸收能力急速下降，且其吸收峰随着尺寸的增大逐渐向长波长方向移动；从图 7.4（b），（d）和（f）可以得到，氧化铜纳米颗粒散射峰值要明显高于相同尺寸下碳和石墨的散射峰值，但是其散射带宽狭窄，故 7.2.3 节将进一步分析其整体散射能力。图 7.5 给出了这三种纳米颗粒吸收峰值和吸收峰波长随颗粒尺寸的变化，均可近似为线性关系。

图 7.6 给出了尺寸为 160nm 的碳、石墨和氧化铜纳米颗粒分别在 900nm，300nm，750nm 共振吸收波长下颗粒周围的电场分布情况。可以发现纳米颗粒附近的电场增强，其局部增强分别达到碳、石墨和氧化铜纳米颗粒太阳光入射光强度的 1.7、2.6 和 1.7 倍。共振吸收的能量将转化为颗粒内部的热能，并传递到周围的介质中。

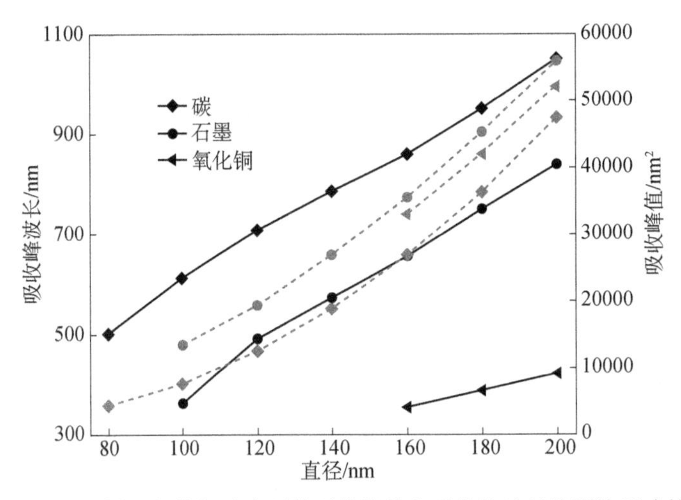

图 7.5　碳、石墨和氧化铜纳米颗粒吸收峰值和吸收峰波长随颗粒尺寸的变化

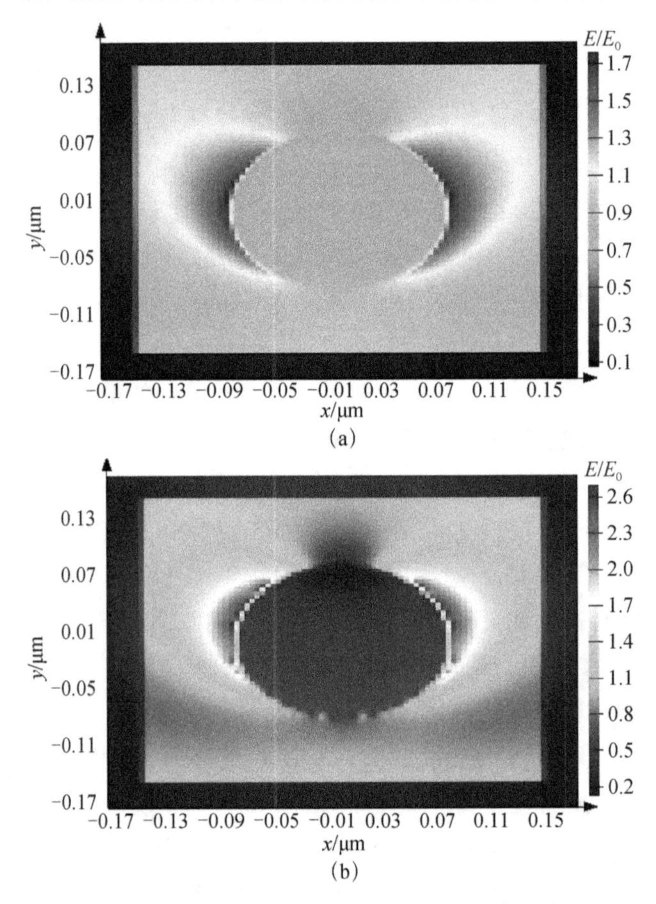

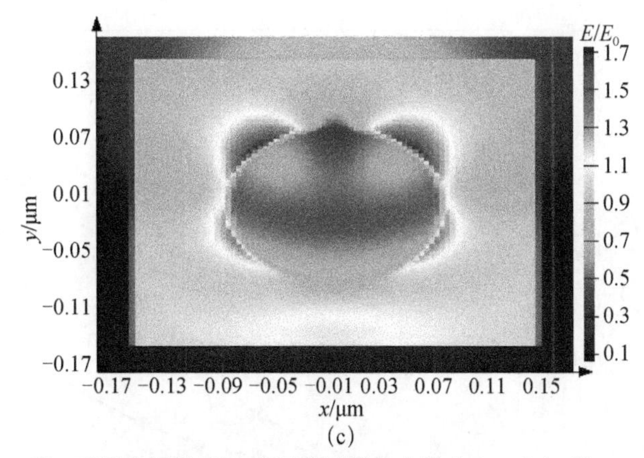

(c)

图 7.6　碳、石墨和氧化铜纳米颗粒周围的电场分布：（a）碳，900nm；（b）石墨，300nm；（c）氧化铜，750nm

7.2.3　光吸收和光散射功率分析

根据公式（7.1）和（7.2），进一步计算得到三种纳米颗粒在标准太阳辐射 AM1.5 照射下的光吸收和散射功率。由图 7.7（a）和（b）可以看出，三种纳米颗粒的吸收和散射功率均随着颗粒尺寸的增加而增大。对于直径为 20nm 的碳纳米颗粒其吸收功率略大于石墨纳米颗粒，但当直径大于 30nm 时，石墨纳米颗粒的吸收功率均高于相应尺寸下的碳纳米颗粒，而氧化铜纳米颗粒的吸收功率始终小于其他两种纳米颗粒。而碳纳米颗粒的散射功率在半径 20～200nm 始终低于相同尺寸下的石墨和氧化铜纳米颗粒。在直径大于 180nm 时，氧化铜纳米颗粒的散射功率首次超过了石墨纳米颗粒。

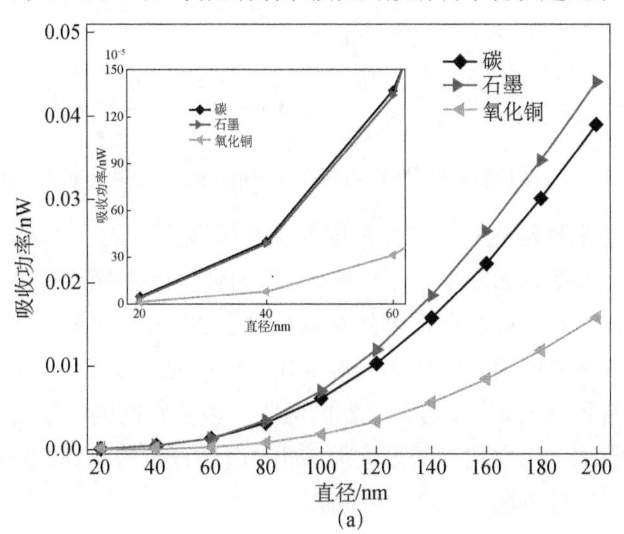

(a)

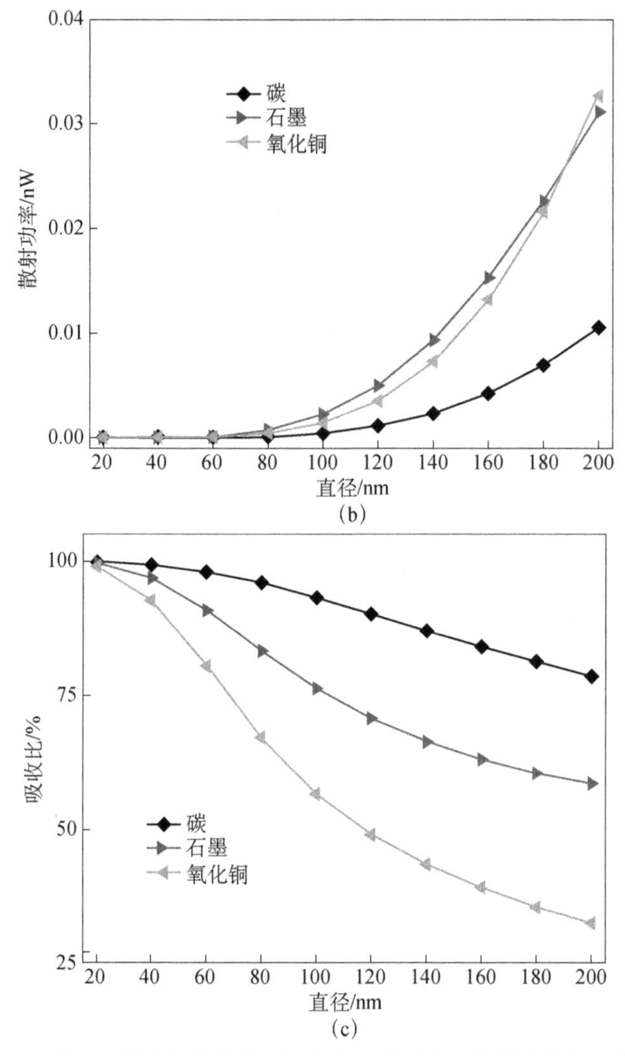

图 7.7 碳、石墨和氧化铜在不同直径下的吸收、散射功率和吸收比

为了分析纳米颗粒光吸收和光散射的关系，我们引入了 Paris 等定义的太阳辐射吸收比这一参数，如图 7.7（c）所示，碳的吸收比在颗粒直径 20～200nm 始终高于氧化铜和石墨的吸收比，虽然在直径大于 30nm 时，碳纳米颗粒的吸收功率小于石墨，但是它低的散射功率使得其具有较高的吸收比。而氧化铜的吸收比始终小于其他两种纳米颗粒，这与它低的吸收功率和较高的散射功率有关。同时，三种颗粒的吸收比均随着尺寸的增大而减小。而当直径增大到 200nm 时，碳和石墨的光吸收占比仍分别超过 75%和 50%。

纳米流体在太阳能光热应用中，提高其每单位体积或单位质量的吸收效率是非常重要的，所以，本节通过计算得到了三种纳米颗粒在不同尺寸下的单位体积的吸收功率，如图 7.8（a）所示。从图中可以看出三种纳米颗粒单位体积的吸收功率随着直径的增大均是先增大后减少，碳纳米颗粒在 60nm 左右其单位体积具有最大的吸收功率，而后逐渐减小；石墨和氧化铜对应的单位体积最大吸收功率的直径分别是 100nm 和 160nm 左右，相对于石墨和碳纳米颗粒，氧化铜吸收功率对颗粒尺寸的敏感度较小。然后，为了分析颗粒吸收功率和入射功率的关系，我们根据方程（7.4）计算了纳米颗粒的平均光吸收功率，发现三种纳米颗粒吸收效率均随着尺寸的增大而增加，当碳和石墨纳米类尺寸分别达到 110nm 和 90nm 左右时，其等效吸收截面大于颗粒的实际几何截面，而氧化铜的吸收截面始终小于其相应的几何截面，如图 7.8（b）所示。

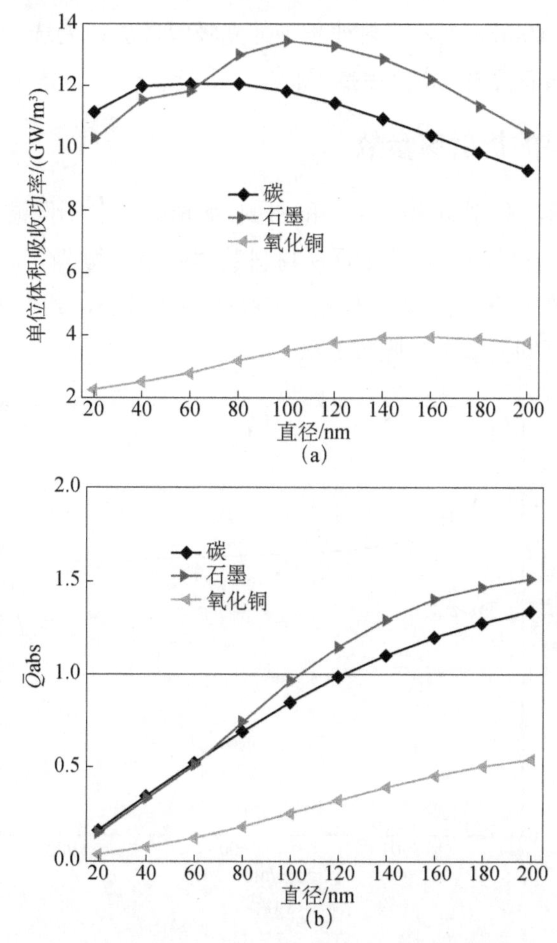

图 7.8　碳、石墨和氧化铜纳米颗粒的太阳光吸收能力：
（a）单位体积吸收功率；（b）平均光吸收功率

7.3 氧化铝和硅类纳米颗粒光学性能分析

从碳、石墨的吸收光谱可以看出，其作为黑体颗粒对各个波长的太阳辐射能量都具有较强的吸收能力，而 CuO 纳米颗粒主要吸收波长小于 750nm 的太阳辐射。考虑到为基于双通道纳米流体的光伏光热一体化系统，其上层纳米流体应具有较强的透射太阳光的能力，所以碳和石墨等黑体纳米颗粒虽然吸收能力强，但不适合用于双通道的光伏光热实验系统中。而 CuO 纳米颗粒的吸收峰位置位于硅太阳能光伏板的高效工作区域，会严重影响光伏板的发电效率，也不能用于混合系统中。故本节将继续分析 Al_2O_3 和 SiO_2，SiC 和 Si_3N_4 纳米颗粒的吸收光谱，并研究其在 300～400nm 太阳辐射波长下的光吸收性能，为选择与光伏板光谱高效工作波长范围具有互补特性的纳米颗粒。

7.3.1 材料的折射率参数

如图 7.9 所示，分别给出了 SiC 和 Si_3N_4 纳米颗粒在不同波长下的折射率的实部 n 和虚部 k，材料的折射率数据从材料数据库中获得[10, 12]。而对于 Al_2O_3 和 SiO_2 纳米颗粒其在标准太阳辐射光谱下的吸收系数极小，约为 10^{-10} 数量级，没有必要给出其在不同波长下的吸收系数。

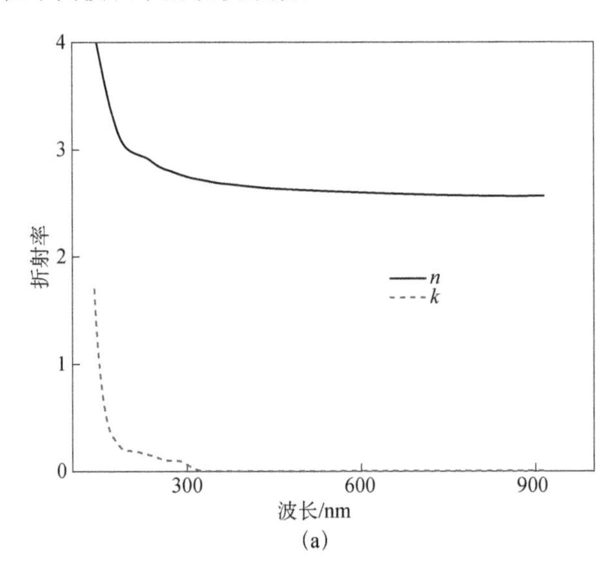

(a)

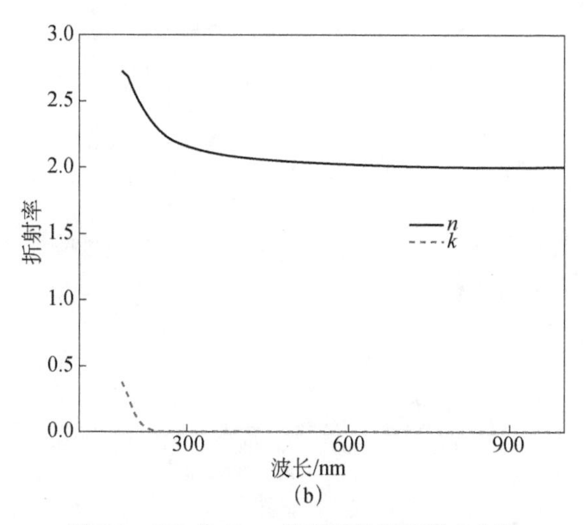

(b)

图 7.9　SiC 和 Si_3N_4 纳米颗粒的折射率参数

7.3.2　碳化硅和氮化硅光吸收性能分析

从图 7.10（a）和（b）可以看出，SiC 和 Si_3N_4 纳米颗粒的光吸收性能曲线在 300～1300nm 波长范围内变化趋势相似，但其主要的吸收太阳辐射的波长范围为 300～600nm。但 SiC 纳米颗粒整体的吸收性能要优于 Si_3N_4 纳米颗粒。对于直径均为 200nm 的这两种纳米颗粒，SiC 纳米颗粒的吸收峰值超过 20000nm^2，而相同尺寸下的 Si_3N_4 纳米颗粒其最值略低于 6000nm。对于 SiC 纳米颗粒其峰值随着颗粒尺寸的增大会发生一定的红移现象，并出现二次散射峰，而 Si_3N_4 纳米颗粒其在直径 20～200nm 范围内近似为一条平滑的曲线，不存在共振吸收峰。

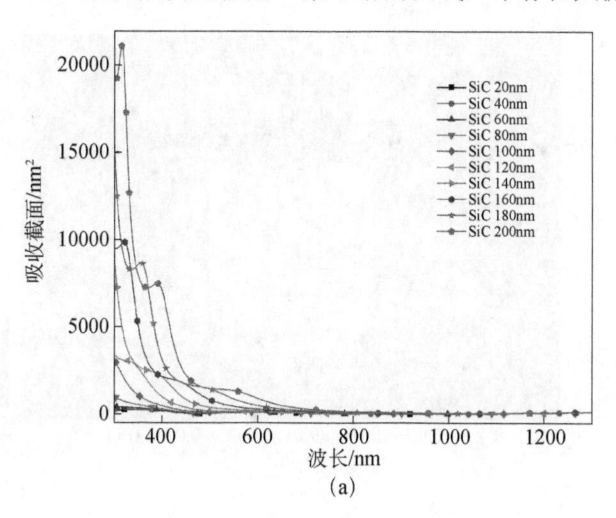

(a)

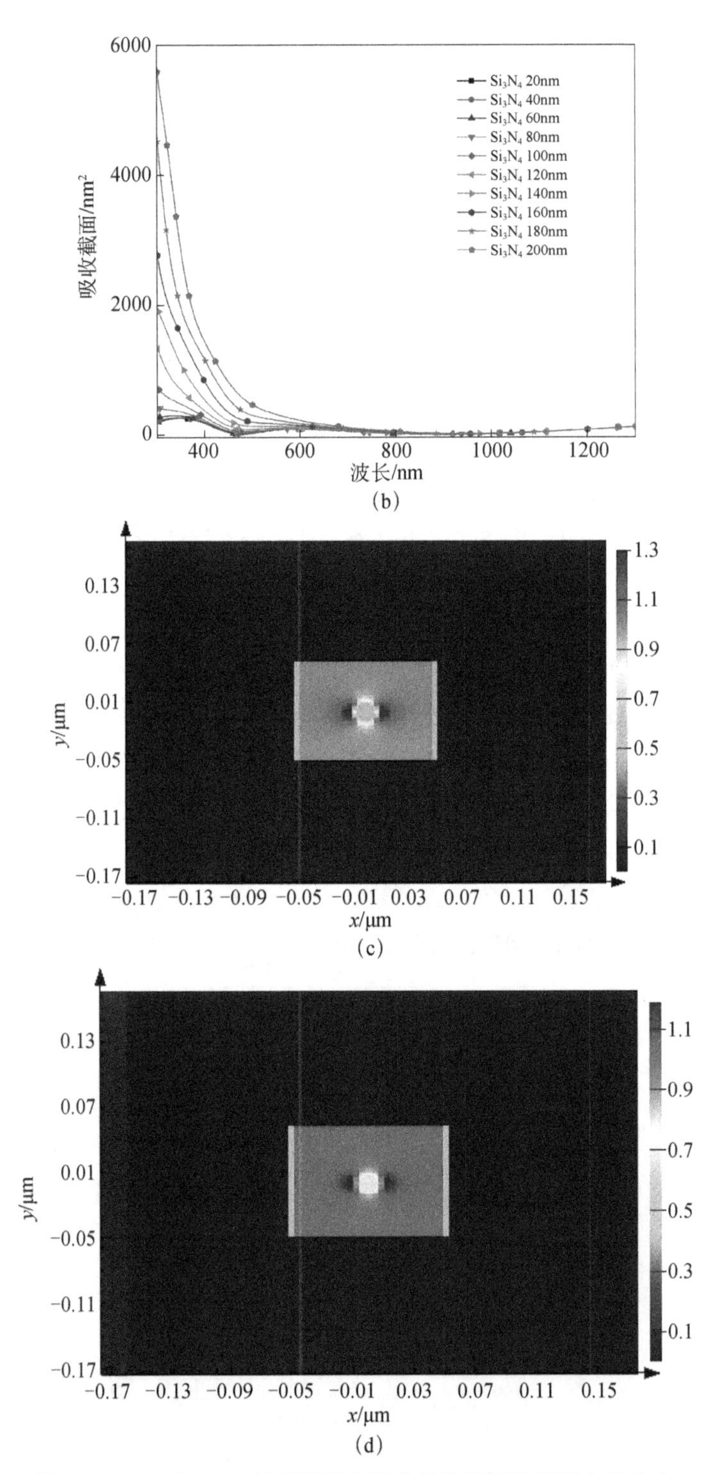

图 7.10　SiC 和 Si_3N_4 纳米颗粒光吸收性能及颗粒周围电场分布

图 7.10（c）和（d）分别给出了尺寸为 20nm 的 SiC 和 Si_3N_4 纳米颗粒在 300nm 波长下颗粒周围的电场分布情况。可以发现纳米颗粒附近的电场增强，其局部增强最高分别可达到 SiC 和 Si_3N_4 纳米颗粒太阳光入射光强度的 1.3 和 1.2 倍。共振吸收的能量将转化为颗粒内部中的热能，并传递到周围的介质中。

7.3.3　氧化铝和二氧化硅光学性能分析

图 7.11 是 Al_2O_3 和 SiO_2 纳米颗粒的光吸收、散射截面。从图 7.11（a）和（c）可知，纳米颗粒的尺寸对 Al_2O_3 和 SiO_2 纳米流体的吸收峰值和共振波长的影响很小，且一次吸收峰随颗粒直径的增大略微升高，在 600nm 左右出现的二次吸收峰随着颗粒直径的增大而略微减少，这主要由于在长波长辐射下，Al_2O_3 和 SiO_2 纳米颗粒的光吸收能力小于基液水而引起的。而对于紫外和部分可见光区，SiO_2 纳米颗粒的光吸收能力要明显高于 Al_2O_3 纳米颗粒，这一模拟结果与我们的实验结论是一致的[13]。两种颗粒的一次吸收峰波长和二次吸收峰波长均随颗粒直径的增加出现少量的蓝移。从图 7.11（b）和（d）可以看出，Al_2O_3 和 SiO_2 纳米流体的散射能力随着颗粒直径的增加而明显增大，且在短波长方向具有较强的散射能力。但是，相同颗粒直径下 SiO_2 纳米流体的散射能力要低于 Al_2O_3 的光散射能力。

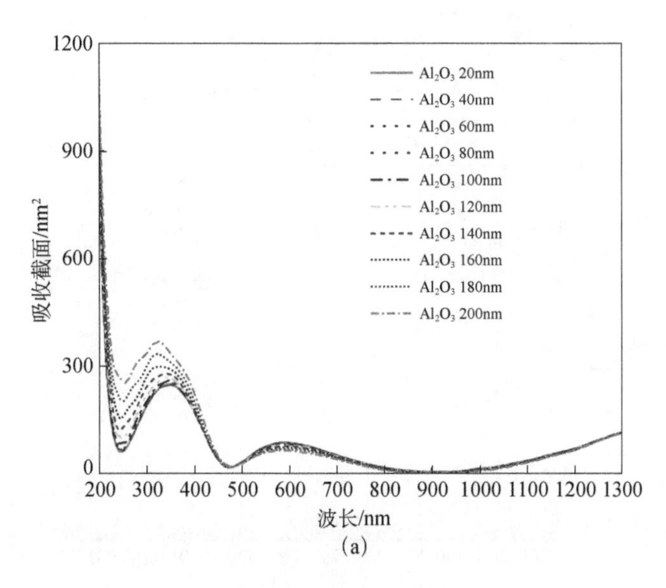

(a)

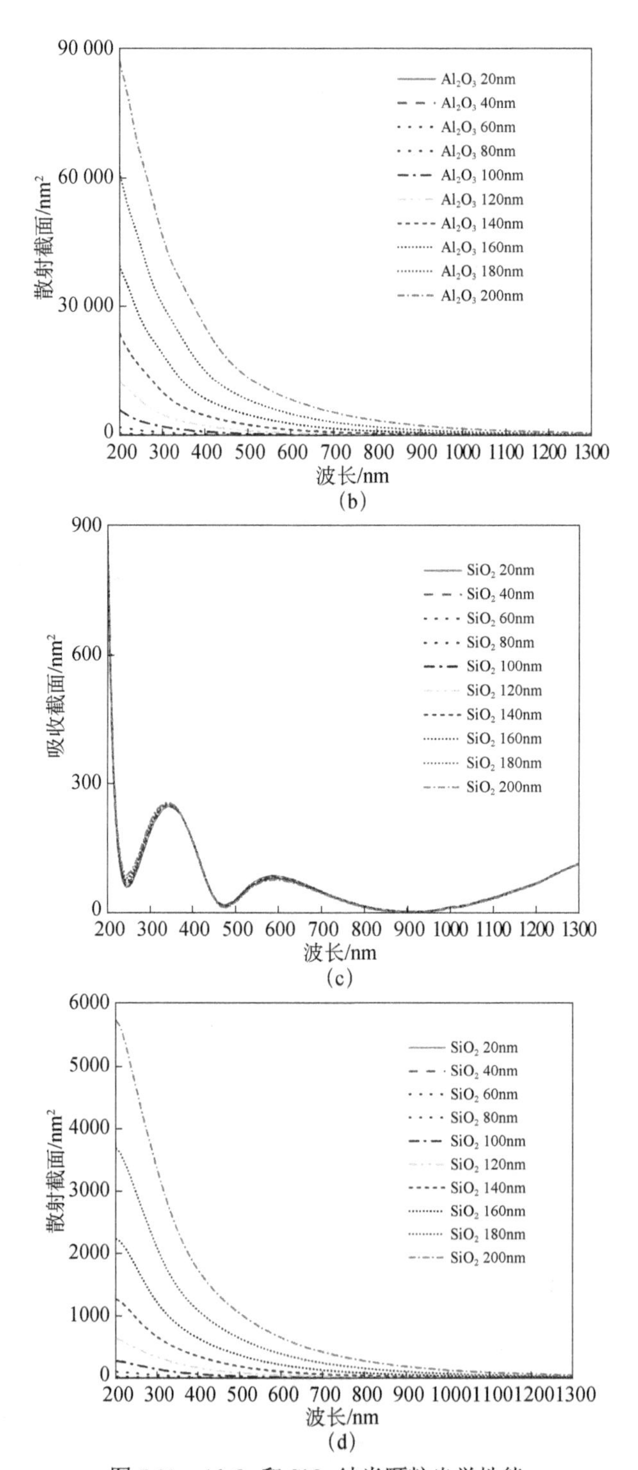

图 7.11 Al_2O_3和 SiO_2纳米颗粒光学性能

7.3.4　吸收比和体平均吸收功率分析

根据纳米颗粒的光吸收和光散射曲线得到的光吸收和光散射功率，可以得到如图 7.12 所示的四种纳米颗粒的光吸收比。可以发现 SiO_2 纳米颗粒不仅光吸收能力强于 Al_2O_3 颗粒，而且其吸收比在直径为 20～200nm 范围内均高于 Al_2O_3 纳米颗粒，而且对于直径越小的颗粒其光吸收比越大，即随着颗粒尺寸的增加，光散射逐渐占据主导地位。而 SiC 和 Si_3N_4 纳米颗粒的光吸收比也是小于相同尺寸下的 Al_2O_3 和 SiO_2 纳米颗粒。但当直径逐渐增大到 155nm 和 170nm 左右时，SiC 纳米颗粒的光吸收比分别超过了 Al_2O_3 和 Si_3N_4 纳米颗粒。

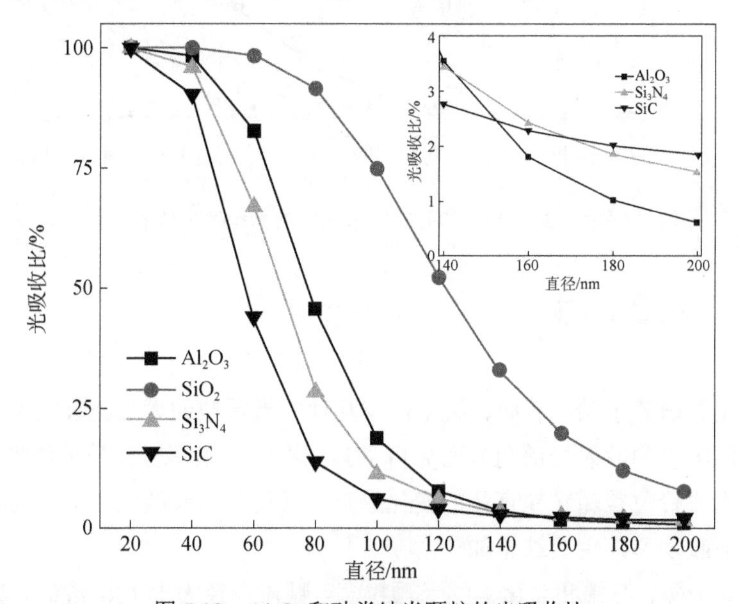

图 7.12　Al_2O_3 和硅类纳米颗粒的光吸收比

根据式（7.4）可以得到，这四种常见纳米颗粒在不同直径下的太阳辐射能量的平均吸收功率，如图 7.13 所示。对于 Al_2O_3 和 SiO_2 纳米颗粒，其平均吸收功率均随着颗粒尺寸的增大逐渐减小。对于直径为 30～180nm 尺寸的颗粒，SiO_2 纳米颗粒分平均吸收功率要高于 Al_2O_3 纳米颗粒，这也间接说明了其光吸收能力要优于 Al_2O_3 颗粒；而当直径小于 30nm 或者增大到 180nm 以上时，Al_2O_3 的平均吸收功率略大于 SiO_2 纳米颗粒。对于 SiC 和 Si_3N_4 纳米颗粒，其平均吸收功率随着颗粒直径的增大而增大，SiC 纳米粒子表现出了最佳的太阳辐射平均吸收功率。

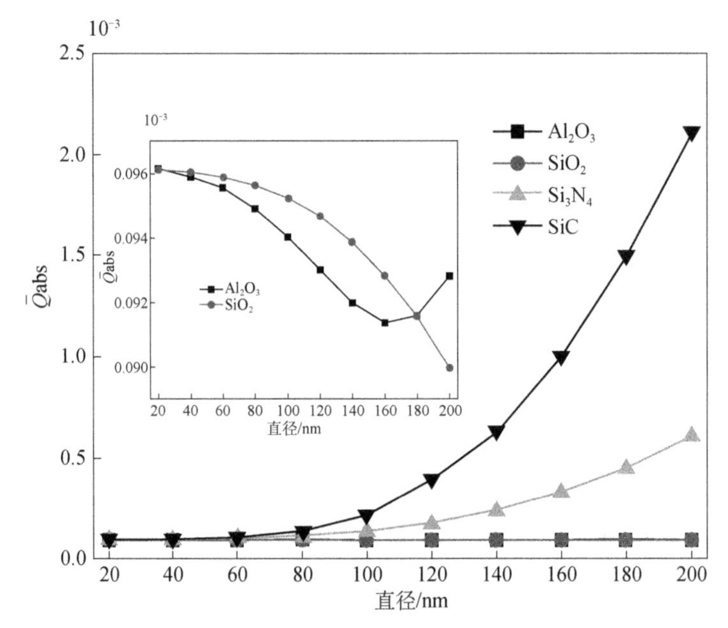

图 7.13　Al_2O_3和硅类纳米颗粒的平均吸收功率

7.4　本章小结

本章主要研究了碳、石墨、氧化铜等几种纳米颗粒的太阳光吸收性能。从各纳米粒子的吸收和散射光谱两方面分析了其在不同太阳辐射波长下的吸收能力，并探讨了吸收峰位置随颗粒直径的变化趋势，以及各纳米颗粒对于不同辐射能量的单位体吸收功率，主要结论如下。

（1）对于碳、石墨和氧化铜纳米颗粒，当颗粒直径大于 120nm 时，碳纳米颗粒在入射波长 200～1300nm 范围内存在两个吸收峰，分布在紫外和近红外区，但是由于非金属材料的德鲁德阻尼系数很小，使其具有较宽的吸收带，表现出了较好的宽光谱吸收能力。石墨纳米颗粒高于碳纳米颗粒和氧化铜纳米颗粒的光吸收能力，但当直径为 20nm 左右时，其吸收功率要小于相同尺寸下的碳颗粒。氧化铜纳米颗粒的吸收和散射性均发生在紫外-可见光波段，其吸收性能在近红外波段会急剧下降。碳、石墨和氧化铜纳米颗粒的吸收和散射峰波长随着尺寸的增加均发生一定的红移现象。这三种纳米颗粒的吸收和散射功率随着尺寸的增加而明显增大，对尺寸敏感性较强，而吸收比均随着尺寸的增大而减小。而当直径增大到 200nm 时，碳和石墨的光吸收占比仍分别超过 75%和 50%。考虑到单位体积或单位质量对于评价纳米颗粒吸收性能的重要性，本章给出了不同尺寸下三种纳米颗粒的单位体积的吸收功率。结果表明，碳、石墨和氧化铜纳米颗粒单位体积的吸收功率随着直径的增大均是先增大后减少，对应于最佳吸收性能的碳、石墨和氧化铜颗粒的尺寸分别为 60nm、100nm、160nm 左右[14]。

（2）对于碳化硅和氮化硅纳米颗粒，其光吸收能力要明显小于碳和石墨等黑体纳米颗粒。通过两种纳米颗粒的单位体吸收功率随直径的变化曲线得知，颗粒尺寸越小，这两种纳米颗粒的吸收能力越强，在本章的研究中，20nm 为碳化硅和氮化硅的最佳吸收直径。SiO_2 纳米颗粒不仅光吸收能力强于 Al_2O_3 纳米颗粒，其吸收比在直径为 20～200nm 范围内均高于 Al_2O_3 纳米颗粒，而且对于直径越小的颗粒其光吸收比越大，即随着纳米颗粒尺寸的增加，光散射逐渐占据主导地位。对于直径为 30～180nm 尺寸的纳米颗粒，SiO_2 纳米颗粒分平均吸收功率要高于 Al_2O_3 纳米颗粒；而当直径小于 30nm 或者增大到 180nm 以上时，Al_2O_3 的平均吸收功率略大于 SiO_2 纳米颗粒。

参考文献

[1] Sharaf O Z，Al-Khateeb A N，Kyritsis D C，et al. Direct absorption solar collector（DASC）modeling and simulation using a novel Eulerian-Lagrangian hybrid approach：optical，thermal，and hydrodynamic interactions. Appl. Energy，2018，231：1132-1145.

[2] Abdelrazik A，Al-Sulaiman F，Saidur R. Optical behavior of a water/silver nanofluid and their influence on the performance of a photovoltaic-thermal collector. Sol. Energy Mater. Sol. Cells，2019，201：110054.

[3] Al-Qazwini Y，Noor A M，Yadav T K，et al. Performance evaluation of a bilayer SPR-based fiber optic RI sensor with TiO_2 using FDTD solutions. Photonic Sensors，2014，4（4）：289-294.

[4] Taflove A，Hagness S C. Computational Electrodynamics：The Finite-Difference Time-Domain Method. Boston：Artech House，2005.

[5] Du M，Tang G H. Optical property of nanofluids with particle agglomeration. Solar Energy，2015，122：864-872.

[6] Pustovalov V K. Light-to-heat conversion and heating of single nanoparticles，their assemblies，and the surrounding medium under laser pulses. RSC Advances，2016，6（84）：81266-81289.

[7] Paris A，Vaccari A，Lesina A C，et al. Plasmonic scattering by metal nanoparticles for solar cells. Plasmonics，2012，7（3）：525-534.

[8] Querry M R. Optical Constants，Contractor Report. US Army Chemical Research，Development

and Engineering Center，Aberdeen Proving Ground，MD，418，1985.
[9]Djurišić A B，Li E H. Optical properties of graphite. Journal of Applied Physics，1999，85(10)：7404-7410.
[10]https：//refractiveindex.info/.
[11]Ishii S，Sugavaneshwar R P，Nagao T. Titanium nitride nanoparticles as plasmonic solar heat transducers. The Journal of Physical Chemistry C，2016，120（4）：2343-2348.
[12]http：//www.ioffe.ru/SVA/NSM/nk/.
[13]Liu Y F，Dong S L，Liu Y X，et al. Experimental investigation on optimal nanofluid-based PV/T system. Journal of Photonics for Energy，2019，9（2）：027501.
[14]Liu Y F，Sun G T，Wu D M，Dong S L. Investigation on the correlation between solar absorption and the size of non-metallic nanoparticles. Journal of Nanoparticle Research，2019，21：161.

编 后 记

《博士后文库》是汇集自然科学领域博士后研究人员优秀学术成果的系列丛书。《博士后文库》致力于打造专属于博士后学术创新的旗舰品牌，营造博士后百花齐放的学术氛围，提升博士后优秀成果的学术和社会影响力。

《博士后文库》出版资助工作开展以来，得到了全国博士后管委会办公室、中国博士后科学基金会、中国科学院、科学出版社等有关单位领导的大力支持，众多热心博士后事业的专家学者给予积极的建议，工作人员做了大量艰苦细致的工作。在此，我们一并表示感谢！

《博士后文库》编委会